HALLE · ZEIT · WACH
SJ
1842

REINHARD DOHRN
1880–1962

Reden, Briefe und Veröffentlichungen
zum 100. Geburtstag

Herausgegeben von Christiane Groeben
in Zusammenarbeit mit den Geschwistern Dohrn

Springer-Verlag
Berlin Heidelberg New York Tokyo 1983

ISBN-13:978-3-540-12129-9 e-ISBN-13:978-3-642-68900-0
DOI: 10.1007/978-3-642-68900-0

Presentazione

Mi è gradito presentare questa raccolta di scritti che contiene un sincero e commovente tributo di amicizia verso la personalità di Rinaldo Dohrn, cittadino onorario della nostra città.

Desidero ringraziare coloro che nel centenario della sua nascita hanno parlato o scritto valutando a pieno il grande valore di una vita operosa spesa nella nostra città a favore delle scienze biologiche marine e che continuava degnamente l'opera dell'illustre fondatore della Stazione Zoologica Anton Dohrn.

E' questo un compito che assolvo con slancio perchè mi consente di rendere pubblico omaggio a coloro che hanno creato e reso famoso un laboratorio scientifico che fa onore a Napoli.

Gli scritti raccolti in questo volume sottolineano i nobili valori umani e scientifici che caratterizzano il suo profilo, a distanza di tempo, di una intera vita spesa per amministrare, per conservare e trasmettere alle nuove generazioni il grande interesse di questa importante iniziativa scientifica che ha permesso quelle ricerche che dalla Stazione Zoologica di Napoli si sono irradiate nel mondo.

Era giusto rendere questo omaggio a Rinaldo Dohrn ed alla sua intera famiglia. A questo omaggio mi associo a nome del Consiglio Comunale e di tutta la Città, ringraziando per la generosa iniziativa il dr. H. Götze il quale con la stampa di queste pagine ha dato nuova prova della sua profonda e sincera amicizia per lo scienziato scomparso.

Maurizio Valenzi
Sindaco di Napoli
Presidente della Stazione Zoologica

Inhaltsverzeichnis

Reden, gehalten anläßlich der Feier zum
100. Geburtstag von Reinhard Dohrn
am 13. März 1980 in der Villa Pignatelli, Neapel

Briefe und Veröffentlichungen

Bildanhang

Adressenverzeichnis

Prof. Dr. Wulf Emmo Ankel
Finkenweg 22, D-6301 Leihgestern

Ammarilli Callan
2, St. Mary Street, GB-St. Andrews (Fife)

Prof. Enrico Ciaranfi
Istituto di Patologia generale, Via Mangiagalli 34, I-20133, Milano

Dr. Elena Croce
Largo Cairoli 6, I-00100 Roma

Dr. Antonietta Dohrn
Via Crispi 105, I-80121 Napoli

Dr. Klaus Dohrn
Ellerhöhweg 18, D-6380 Bad Homburg v.d.H.

Dr. Peter Dohrn
Casale S. Nicola, I-02010 Colli sul Velino (RI)

Dr. Beatrice Flad-Schnorrenberg († 1980)

Prof. Dr. Ernst Florey
Fakultät für Biologie, Universität Konstanz, Postfach 5560
D-7750 Konstanz 1

Graziella Granà
CONTROCAMPO, C.P. 23, I-10100 Torino centro

Christiane Groeben, M.A.
Via Manzoni 92, I-80123 Napoli

Prof. Arturo Palombi
19, via Carducci, I-80121 Napoli

Prof. Dr. Karl Josef Partsch
Frankenstr. 10, D-6507 Ingelheim

Prof. Silvio Ranzi
Istituto di Zoologia, Via Celoria 10, I-20133 Milano

Prof. Jean Roche
6, Bd. Jourdan, F-75014 Paris

Prof. Maurice H.F. Wilkins
26 Drury Lane, GB-London SE 3

Reden, gehalten anläßlich der Feier zum
100. Geburtstag von Reinhard Dohrn
am 13. März 1980 in der Villa Pignatelli, Neapel

Jean Roche

Messieurs les Représentants des Autorités, Mesdames, Messieurs,

Nous voici réunis pour commémorer le Centenaire de la naissance de Rinaldo Dohrn, afin de manifester notre attachement à son souvenir, notre reconnaissance et notre fidélité à son message. Mon premier devoir est de remercier ceux qui ont tenu à s'associer à cette manifestation, particulièrement Monsieur le Sénateur-Maire Maurizio Valenzi, Président du Conseil d'Administration de la Stazione Zoologica, le Directeur de cette Institution le Professeur Alberto Monroy, les Délégués des Sociétés Scientifiques nationales et étrangères et tous ceux qui évoqueront à divers titres la mémoire de Rinaldo Dohrn. Ceux qui ont eu le privilège de le connaître et de l'approcher ont le devoir de porter témoignage de ce qu'il a été, afin que soit conservé l'exemple de cet homme à tous égards exceptionnel. Il n'a pas seulement été un serviteur éminent de la Science, dont il a directement contribué aux progrès en dirigeant au travers de difficultés multiples et avec une totale abnégation la grande institution internationale dont il a assumé la direction. Il a su être, en multiples circonstances, un artisan passionné de la fraternité humaine, à laquelle il s'est dévoué sans mesure, aux côtés d'hommes aussi illustres que son ami F. Nansen, et dans ses contacts quotidiens avec les plus modestes de ses compagnons de travail. C'est pourquoi l'hommage qui lui sera rendu s'adressera avant tout à celui dont nous voulons transmettre le souvenir plus encore qu'au grand animateur de la

Stazione Zoologica, au grand européen représentant un monde aujourd'hui disparu dont il a été un témoin actif, un monde dont nous sommes les héritiers responsables. Son message doit être transmis afin que s'en dégagent les valeurs permanentes qui l'ont inspiré et les devoirs qui nous incombent.

Je prie Monsieur le Professeur Cali, Assesseur Communal représentant Monsieur le Sénateur-Maire Maurizio Valenzi, d'inaugurer les allocutions qui seront prononcées pour commémorer celui auquel la Ville de Naples avait témoigné son attachement, sa reconnaissance, son estime et sa confiance en lui conférant le titre de Citoyen d'Honneur.

MAURICE H. F. WILKINS

When it was first suggested that I speak at this Commemoration of Reinhard Dohrn, Dr. Peter Dohrn asked me to give an account of the achievement of the Stazione Zoologica in basic biological sciences while Reinhard Dohrn was director. When I began to consider the scientific achievements of the Stazione I realised, as many others have done, that they could not be understood properly without taking into account the remarkable personality of Reinhard Dohrn. Moreover, to understand the style of Reinhard Dohrn as a scientific organiser and his great success in enabling scientists to express their research potential, one needs to take into account the historical background to his life and work and to place him in a cultural perspective. Of course, to speak in such terms of Reinhard Dohrn, a man of such deep humanity, may appear presumptuous. The spirit of any man, especially such a man, cannot be enclosed in words. But I think if Reinhard Dohrn were to hear me now his eyes would twinkle with a touch of irony; he would understand what I am aiming at in these remarks; my presumption would be forgiven. To be asked to speak of Reinhard Dohrn, such a fine person, is not so much an honour but a humbling experience, especially when there are here many of you who were privileged to have known him better than I did.

In considering the life and work of Reinhard Dohrn we need first to recall the great force, confidence and assurance of the 19th and early 20th centuries when industrial wealth increased with no sense of limit. The whole world began to be exploited and correspondingly the horizons of scientific enquiry expanded. The idea of progress was linked with science and set a firm course for the future. Today, when the world is filled with doubt and uncertainty, it is difficult for us to appreciate the sheer confidence of those times; but when I look at photographs of Anton and Reinhard Dohrn it is that confidence and assurance which strikes me. This assurance did not spring only from the main current of western industrial thinking but also had a spiritual/scientific basis in the great Goethe tradition. Goethe saw his most important work as being in science (and this had been stimulated by his travels in Italy). Goethe had the inspiring vision of man being One with Nature, science and the arts as one, man uplifted by his awareness of Universal principles – a sense of wholeness and harmony. Anton Dohrn was well known for his admiration of Goethe but it was Reinhard Dohrn who was, in his life and work, especially the embodiment of wholeness and harmony.

It was the spirit of harmony (coupled with a firm sense of purpose and much skill and delicacy) which enabled Reinhard Dohrn to unite in one home scientists of all nations and backgrounds, fiercely nationalistic or opposed in politics or even in their attitude to science. Thus, after each of two great wars he was able to recreate a Stazione which rose up again like a Phoenix. A sense of harmony gave him the courage and skill to face and overcome great difficulties. I have been told that as a young man he loved to sail in very rough weather; that symbolises his calmness in the face of great adversity. Through the spirit of harmony scientists, musicians and artists came together in the Stazione; also all kinds of people came for practical help in their lives and, when troubled in their minds, were restored by the harmony which pervaded the Stazione. When I think of the harmony of that community I cannot help but compare it with the Community of Pythagoras, which was not far from here in Southern Italy. The Pythagoreans were seeking harmony in science and mathematics, music and medicine, and above all, in creative, compassionate human relationship. Carrying these thoughts further, I would point out that the basis of love and compassion is open-minded concern for what is around us, open-minded inquiry into the nature of the human condition as it presents itself to us in our day-to-day lives.

It is therefore no accident that Reinhard Dohrn (and also his father), with open-minded tolerance, human touch and a sense of the universal in particular human beings, had special ability to see the directions in which scientific research would advance and to sense the scientific potential of others and to encourage its development. This empathic sense underlay their very successful direction of the Stazione Zoologica.

Research at the Stazione Zoologica began in an endeavour to use the great wealth of biological forms in the sea to verify Darwin's ideas of evolution, but soon the work branched out into its continuing main theme of experimental biology. Living things were not simply watched, but manipulated by means of chemical and physical tools. Biology became less vitalistic, more mechanistic, and an experimental science like physics and chemistry. The sense of wholeness and harmony led science at the Stazione to be of the broadest kind: zoology became biology, all living forms were studied, not only animals but also plants and microorganisms. In the Stazione Zoologica special laboratories were set up for physiology, pharmacology, bacteriology, chemistry, ecology – wherever the frontiers of biology lay the Stazione was ready to provide opportunities for research. Let me begin with an example of a long history of research with which I had direct contact.

Going back to Thomas Hunt Morgan, the great American geneticist, we find that he was converted at the Stazione Zoologica to experimental biology by his contact with the German experimental embryologist Driesch. Researching first on the development of characteristics (in embryology) he later passed on to the study of transmission of characteristics in genetics and the precise locating of the units of inheritance in chromosomes. The chromosome theory had earlier been pioneered at the Stazione Zoologica by Weismann's work on the germ plasm and Boveri's studies of fertilised sea urchin eggs. To carry the research further and to identify the chemical structure of the gene, required the development of the physics and chemistry of proteins and nucleic acids. Here I would mention Kossel and Svedberg who both worked at the Stazione. I came very late to the scene in 1951 after Reinhard Dohrn has so successfully resurrected the Stazione after the 2nd World War. The Stazione had run a series of remarkably broad-minded symposia: one on embryology and genetics, another on mutagens and the symposium on submicroscopic structure of protoplasm where I reported on new directions of biophysical research in our laboratory in England directed by John Randall. I also wished to visit the Stazione to obtain sperm of Sepia in order to investigate by X-ray diffraction the possibility that the genes were arranged regularly in crystalline array in the sperm heads. As was often the case with visiting scientists, an Italian scientist at the Stazione, Bruno Battaglia, was of invaluable help to me in this work. At the conference I showed an X-ray diffraction pattern of crystalline DNA and J.D. Watson was, as a result, stimulated to begin his epoch-making collaboration with Francis Crick in discovering the DNA double helix. The Stazione symposia always invited the best scientists and I was privileged to meet there W.T. Astbury, the great pioneer of X-ray diffraction studies of proteins and nucleic acids. Thus at the Stazione the thread of genetics research may be traced from the pre-Mendel era of genetics through studies at the level of cell structure until the atomic level could be deciphered.

Probably the leading field of research to which the Stazione Zoologica contributed has been embryology. The Stazione had the great advantage of having available for almost the whole year fertilisable sea urchin eggs. Research began with Germans like Driesch. Many Scandinavians also led in this field, Hörstadius, Runnström, Holter and Lindahl studied chemical embryology. Alberto Monroy, the present director of the Stazione continues in this great tradition. The problem of development remains one of the greatest challenges in modern biology.

Important discoveries in many areas of biology were made during Reinhard Dohrn's directorship. For example J.Z. Young, working with Sereni on hormones in Octopus, discovered, purely by chance, the giant axon which became a very important tool for studying nerve conduction. Otto Warburg made the discovery of respiratory enzymes. Apáthy had discovered neurofibrils. Bacq from Belgium working with Ghiretti used cephalopods to advance endocrinology. Respiratory pigments, electric tissue of Torpedo, all kinds of biological fields of great interest were explored. While I was at the Stazione I saw the ambitious research of J.Z. Young and B. Boycott to find the seat of memory in octopus brain.

While working at the Stazione I was very aware of the special way that Reinhard Dohrn encouraged the visitors. For example, they could find themselves looking at their work in a new way, with a wider perspective. A little incident illustrates this. I was looking at a Sepia swimming in a tank; it was a strange and unfamiliar creature to me and when I noticed Reinhard Dohrn quietly standing by me I said to him 'what an ugly beast that is'. He replied 'no, it is very beautiful'. That gave me much room for thought: I felt both humbled and illuminated. Reinhard Dohrn gave one a strong feeling that one *belonged* in the Stazione. I remember there was some discussion of the possibility of visiting scientists being used to take visitors round on quick tours of the Stazione. Reinhard Dohrn turned towards me and commented 'but Wilkins would be no use, the only thing he knows about the animals is what kind of sperm they have'. Coming from him I did not feel belittled by this remark. While cut down to size, I was made to feel that the Stazione had nonetheless a place for me. Though an ignorant biophysicist I felt at home and encouraged. It was rather like feeling that all human beings are equal in the eyes of God. It was probably because I was so ignorant that I did not feel, as some distinguished biologists were apt to feel, in awe of Reinhard Dohrn. For me, his friendliness overcame any feeling of awe. In rather the same way, a mountain can at the same time be both awesome and friendly.

Thomas Hunt Morgan had said that the Naples Stazione in Anton Dohrn's times was the Mecca of Zoologists. When he more explicitly used the term 'holy city' I suggest he was though joking, also serious. During Reinhard Dohrn's directorship, as a distinguished zoologist recently said, "a zoologist ought, absolutely, to have had the Naples 'experience' ". But what of the future, what lessons do Reinhard Dohrn's life and work have for the future?

Clearly science, like the world, is going through great changes and will continue to change in various directions. Numbers of scientists have increased enormously, scientific research is done mostly by groups and not by individuals. Science has become professionalised and institutionalised. Einstein particularly was saddened by this and felt the free spirit of enquiry was being lost. As the body of scientific knowledge increases, specialisation and fragmentation replaces wholeness. It is very difficult for those working in science to avoid these tendencies because the state of science reflects our world-view and the nature of the society of which science is a part. The humanitarianism and idealism of Anton and Reinhard Dohrn enabled them to transcend the materialism and exploitation of Western culture. They were able to persuade the profits of industrialists to serve the ideals of science. Krupp staying on Capri will have seen Lo Bianco and the scientists of the Stazione creating a microcosm where war could not exist. But in spite of the magnificent work of idealists like Reinhard Dohrn our society has gone far to transform scientific knowledge into a commodity – something we feel we must have regardless of the way we get it. And when we have got it we are unfortunately often horrified by the way scientific knowledge is applied.

I believe the only way out of this situation with its conflicts and lack of confidence in science is to recover the spirit of wholeness and harmony which one can trace back through Goethe to Pythagoras and which was expressed in the lives of Anton and Reinhard Dohrn. We will then see that the way in which scientific knowledge is obtained is only one aspect of the way people lead their lives and that these processes of living are more important than the goal of scientific knowledge itself. To be able to do science in that spirit we would today need to transform the western outlook and with it, the nature of our society. That is the only way to recover the spirit of wholeness and harmony we have seen in the life of Reinhard Dohrn. How fortunate we were to have that fine example to inspire us for the future!

Prof. Wilkins attended the celebration as a representative of the Royal Society of London

Wulf Emmo Ankel

Fridtjof Nansen und Reinhard Dohrn

Im Jahr 1929 war es, als das Bild entstand (s. Abb. 1), das wir hier wiedergeben: Fridtjof Nansen steht neben der Büste, die nach ihm geformt wurde. Der Blick des Lebenden spricht, ein Jahr vor seinem Tode, von der Abgeklärtheit seines Wissens über die Welt, zugleich aber von der Last der Verantwortung, die er aus freien Stücken für sie trägt: für den Ordo des Humanen gegen das Chaos der Unmenschlichkeiten. Die Blicklosigkeit der Büste hat etwas Seherisches. Sie war für das Haus des Völkerbundes in Genf bestimmt, eine Mahnung zu sein an alle Menschen, dem Beispiel dieses großen Europäers zu folgen.

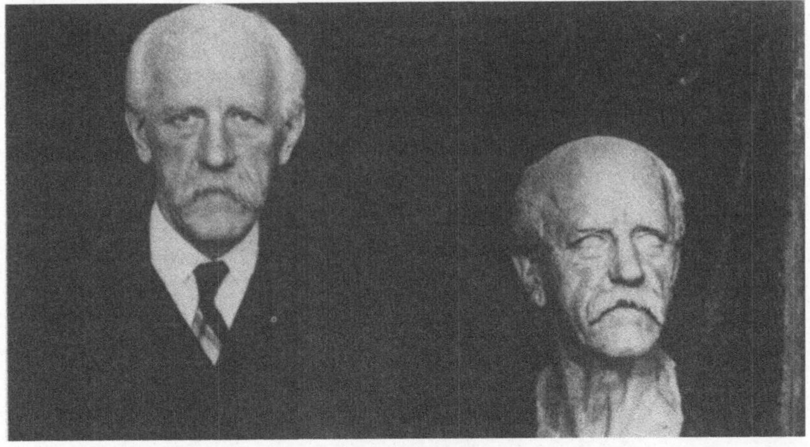

Abb. 1. F. Nansen mit der von Frau Mengarini-Corte geschaffenen Büste. New York 1929

Die Büste hat den Ort, für den sie gedacht war, nie erreicht. Als ich sie zum ersten Mal sah, stand sie auf dem Schreibtisch eines anderen großen Europäers, 1950, im Zimmer von Reinhard Dohrn, dem Leiter der Stazione Zoologica in Neapel.

Eine Künstlerin, Frau Fausta Mengarini-Corte, hatte das Original in Ton bei einem Aufenthalt Nansens in New York geschaffen. Sie besorgte auch den Abguß; sie kannte Werkstätten alter Tradition des Bronzegusses in Rom (Abb. 2).

Mit den vielen Denkmälern Italiens geriet auch Nansens Kopf in Bronze in Gefahr, als Mussolini seinen Abessinien-Krieg begann und unter englischer Blockade kein Kupfer mehr hatte. Alles, was Bronze war, wurde jetzt „erfaßt" und eingeschmolzen. Da versteckte Frau Mengarini-Corte ihr Werk im Keller ihres Hauses in Rom. Dort hat es dann auch den zweiten Weltkrieg überstanden.

Abb. 2. Fridtjof Nansen. Bronze, 1929

Danach, in den späten vierziger Jahren, schenkte Frau Fausta die Nansen-Büste an Reinhard Dohrn. Es gab keinen Völkerbund mehr. Aber – wo sonst in der Welt war damals vom Geist seiner Gründer noch so viel lebendig, wo war *wieder* so viel lebendig wie in dem Palazzo an der Villa Comunale, in der Zoologischen Station? (s. Abb. 3).

Nansens Beziehung zu dieser Stazione war schon historisch: Als junger Zoologe hatte er 1886 drei Monate hier gearbeitet, bei Anton Dohrn, dem Gründer. Aus dieser ersten Verbindung zum Hause Dohrn wurde dann die Freundschaft mit Reinhard Dohrn, dem Nachfolger seines Vaters.

Als die Büste entstand, war aus dem Zoologen und Nordpolarforscher längst der Politiker geworden, wie ihn die Welt kannte, der Empfänger des Friedens-Nobelpreises (1922). Er hatte Kriegsgefangene heimgeführt, für Menschen, die hungerten, Hilfe organisiert, für menschliches Treibgut zwischen den Nationen den „Nansen-Paß'' geschaffen.

Zu gleicher Zeit war es Reinhard Dohrn gelungen, die Station, der durch die Nationalismen des ersten Weltkrieges das Ende bereitet schien, wieder zum Leben zu bringen. Nach dem zweiten Weltkrieg gelang ihm das ein zweites Mal. Wieder trafen sich hier Biologen aller Völker. Nicht nur Biologen. Nansens Büste stand im Zimmer Reinhard Dohrns, ein Symbol für alle Freunde, die er in der Welt hatte: Wissenschaftler, Philosophen, Musiker, Maler, Schriftsteller, Schauspieler, Wirtschaftsführer, Politiker, Fürstlichkeiten. Das mußten keineswegs immer Prominente nach öffentlicher Meinung sein. Es gab nur einen Maßstab: Keiner war, nach Geist und Gesinnung, minderen Ranges.

Besucher im Direktorzimmer der Station konnte auch ein wissenschaftlicher Gast des Forschungsinstitutes sein. Er mochte zunächst Fragen haben, die das lebende Material betrafen oder die Ausrüstung seines Arbeitstisches mit Instrumenten. Vor diesen Augen (s. Abb. 4) entschied sich dann rasch, ob es dabei bleiben würde. Oder ob das Gespräch etwa mit der Empfehlung enden konnte, den Briefwechsel zwischen Hugo von Hofmannsthal und C.J. Burckhardt, den müsse man lesen. Es lag nur am Gast, ob er nach ein paar Wochen den Prachtbau am Ufer des Golfes mit der kleinen Befriedigung verließ, im Täglichen seiner Forschungsarbeit

Abb. 3. Die Zoologische Station Neapel, Südseite. 1950. (Phot. W.E. Ankel)

Abb. 4. Reinhard Dohrn am Teetisch des Sekretariats, während der schweren Vorkriegsjahre

zum Erfolg gekommen zu sein, oder ob ihm die Tage in Neapel als ein Geschenk bleiben würden, als das helfende Geschenk der Erweiterung und Festigung seines Blickes auf das Übertägliche, auf das Bleibende im Wandel der Welt. Unter Reinhard Dohrns Leitung war die Stazione Zoologica zu einer Cella europäischer Kultur und europäischer Gesinnung geworden, anziehend und ausstrahlend zugleich.

Welchen Rang dieser Mann bei denen hatte, die ihm begegnet waren, kann man ermessen an dem, was ihm gegen Ende des zweiten Weltkrieges geschah.

Die Alliierten waren bei Paestum gelandet und hatten Neapel besetzt. Wenige Tage danach kam ein Abgeordneter der "Royal Society of London" und überreichte Reinhard Dohrn einen Scheck über 1000 Pfund Sterling – als erste Hilfe für die Wiederbelebung der Station. Während in ganz Europa noch die Kämpfe mit deutschen Truppen tobten, wurde einem einzelnen Deutschen dieses Vertrauen erwiesen. Das war eine Sternstunde europäischer Solidarität in den dunkelsten Stunden Europas.

Daß es diese Sternstunde gab, ist fast vergessen und sollte doch immer wieder berichtet werden, bis in die Schullesebücher hinein. Fridtjof Nansen steht im europäischen Bewußtsein, Reinhard Dohrn, sein Freund, sollte neben ihm und mit ihm darin stehen.

Sein Wesen ist gültig dokumentiert und auch seine Wesenheit. Als Theodor Heuss von den Nationalsozialisten Schreibverbot erhalten hatte, zog er sich an die Zoologische Station zurück. Mit dem Fundus des Dohrn'schen Familienarchivs schuf er das Buch „Anton Dohrn in Neapel" (Atlantis-Verlag Berlin und Zürich 1940). Nach Reinhard Dohrns Tod 1962 schrieb Margret Boveri: „Reinhard Dohrn – Ein Leben für die Zoologische Station Neapel". Das sind zwei Meisterwerke, die einander ergänzen.

Man muß es sich von Margret Boveri sagen lassen, wie Reinhard Dohrn war. Das von der großen Journalistin geschriebene Portrait erschien zuerst in Fortsetzungen in der „Frankfurter Allgemeinen Zeitung". Der weltweite Wissenschaftsverlag Julius Springer in Heidelberg hat es vor dem Zerfall auf Zeitungspapier bewahrt. Der Nachdruck steht in der Sammlung von Reden, Briefen und Nachrufen, die Heinz Götze zu einem feinen Libellum gestaltet hat: „Dem Andenken an Reinhard Dohrn". Und da findet man dann auch den Satz seines Freundes Eckart Peterich, der alles Gesagte und Geschriebene kristallisiert: „Er war . . . *der vollkommenste Europäer,* der mir je begegnet ist."

Wenn wir bei der hundertsten Wiederkehr seines Geburtstages uns die Gestalt von Reinhard Dohrn zurückrufen, sollten wir das Vorbild sehen, das er uns gesetzt hat: Ein Verantwortungsträger für den Ordo des Humanen gegen das Chaos der Unmenschlichkeiten, wie sein Freund Nansen. Und weil er so war, sollten wir alles daran setzen, endlich begreiflich zu machen, warum es eine

Zoologische Station war, als deren Leiter er so sein konnte. Unser Wissen vom Lebendigen stellt uns vor die Alternative, ob wir die Schöpfung, die göttliche Maße hat, durch sündhafte Manipulation zerstören – oder ob wir sie für den Menschen verteidigen sollen, der ohne sein Zutun in ihr geworden ist. Auch Zoologischen Stationen sind neue Ziele gesetzt. Das Vorbild von Reinhard Dohrn kann uns den Mut geben, uns ihnen zu stellen.

Bei der Gedenkfeier am 13.3.1980 wurde eine italienische Übersetzung verlesen

Mit einer Einführung erschienen in: Giessener Universitätsblätter 1980, H. 2, S. 43–47

Enrico Ciaranfi

La Stazione Zoologica e la ricerca biomedica

Gli amici Antonietta e Pietro Dohrn ed Alberto Monroy, direttore della Stazione Zoologica, mi hanno invitato a partecipare alla cerimonia che avrà luogo a Napoli il 13 marzo 1980 in occasione del centenario della nascita di Rinaldo Dohrn, pregandomi di dire qualche parola sui rapporti fra Stazione Zoologica e ricerca biomedica.

Accettato l'incarico, per la verità tutt'altro che facile, mi sono trovato, con vivo rincrescimento, nell'impossibilità di essere presente alla cerimonia a causa di serie preoccupazioni familiari ed ho pregato il collega Gaetano Salvatore di voler leggere il breve scritto che gli ho fatto pervenire.

Schematizzando, si può dire che in un primo periodo i rapporti fra la Stazione Zoologica, ricerca biomedica e medicina furono scarsi e si stabilirono saltuariamente in seguito a rapporti personali o per circostanze contingenti, mentre si intensificarono progressivamente in un secondo periodo. Del resto se si tiene conto del saggio programmatico sullo "Stato attuale della zoologia e la fondazione di stazioni zoologiche" pubblicato da Anton Dohrn nel 1872, che è una sorta di premessa scientifico-organizzativa atta a sollecitare l'interesse della classe politica specialmente tedesca sulla opportunità di appoggiare la fondazione di una Stazione Zoologica a Napoli, il Dohrn attribuisce a questa il carattere di un istituto destinato esclusivamente ad ospitare zoologi di tutti i Paesi desiderosi di compiere ricerche nel campo della biologia marina. Invito che in un secondo tempo venne esteso agli studiosi di botanica.

Per la sua preparazione morfologica e per l'interesse vivissimo per le idee di Carlo Darwin, Anton Dohrn era portato a considerare l'anatomia comparata e l'embriologia come discipline basi della Zoologia del suo tempo, per quanto nel già citato saggio egli affermi che in un istituto ideale l'anatomo comparato avrebbe dovuto lavorare in stretta collaborazione con un fisiologo ed occuparsi di fisiologia comparata e addirittura della genesi delle funzioni durante l'evoluzione delle specie animali secondo la teoria darwiniana. Premesse culturali molto precise che lasciavano evidentemente poco spazio per una collaborazione col campo della medicina.

Si può ricordare qui, a titolo di pura curiosità, che fu proprio una istituzione medica classica, cioè l'ospedale, a suggerire ad Anton uno schema organizzativo per l'istituenda Stazione Zoologica. Difatti l'idea di creare dei "tavoli di studio" – destinati ad essere la struttura scientifica ed amministrativa portante della Stazione Zoologica, alla quale assicurerà altresì il suo carattere internazionale, sorse nella mente di Anton Dohrn dopo che egli ebbe casualmente appreso che molti benefattori di Ospedali si impegnavano di versare per un certo numero di anni all'amministrazione di tali enti una somma annua, oppure una forte elargizione una tantum, tali da assicurare al benefattore il diritto di disporre di un "letto" per la cura di un ammalato. E sempre a titolo di curiosità si può ricordare che il primo "tavolo di studio" istituito nel 1873 dal Governo prussiano, non venne occupato da un zoologo, ma da Wilhelm Waldeyer allora professore di Anatomia nell'Università di Strasburgo.

Per quanto sia ovviamente difficile ed entro certi limiti arbitrario stabilire un limite preciso tra ricerca pura e ricerca applicata, anche semplicemente scorrendo i titoli dei lavori scientifici della Stazione Zoologica si può affermare che la ricerca di base è stata sempre nettamente prevalente nell'attività scientifica dell'Istituto. Perfino la preparazione e la conservazione degli animali marini, portata ad altissimo livello per merito di Arnold Lang e poi di Salvatore Lo Bianco, va vista essenzialmente come uno strumento culturale che la Stazione metteva a disposizione dei musei di numerosi Paesi. Onde sorprende che una eccezione a questa regola sia stata fatta proprio a favore della Medicina preventiva.

Fu difatti nel 1887 che Anton Dohrn, dopo ripetuti scambi di idee con Robert Koch, in visita alla Stazione Zoologica, si persuase che premessa indispensabile per contrastare le gravi e ricorrenti epidemie di colera che colpivano le città portuali dell'Italia meridionale era l'istituzione di un servizio batteriologico, capace di assicurare il controllo dell'acqua potabile e dei molluschi consumati senza cottura costituenti allora una percentuale elevata della quota proteica nella dieta della popolazione più povera delle località costiere. Per iniziativa di Dohrn, il Ministero degli Interni e la Provincia di Bari fornirono la copertura finanziaria per due tavoli di studio che fecero del buon lavoro batteriologico. Questa iniziativa stimolò il Governo italiano ad intervenire in maniera più diretta a condurre, ben 4 anni più tardi, alla istituzione di una cattedra di Batteriologia presso l'Università di Napoli.

L'idea di istituire nella Stazione Zoologica un dipartimento di Fisiologia e, successivamente, uno di Chimica biologica era un progetto che Anton Dohrn aveva in mente da molti anni, ma che non aveva potuto affrontare sia per deficienza di spazio, sia dei mezzi finanziari ingenti richiesti per l'attrezzatura strumentale e per la gestione di questi servizi. Ma alla fine del 1897, in seguito anche ad incoraggiamenti ed a concrete promesse di aiuto da parte di Emil Fischer, Anton Dohrn ritenne che fosse giunto il momento di passare all'azione, facilitata senza dubbio dalla fama ormai internazionalmente consolidata dalla Stazione e dal suo personale prestigio. Il progetto ebbe un successo superiore alle aspettative, l'edificio della Stazione venne notevolmente ampliato e nel 1906 poterono entrare in funzione i laboratori di Fisiologia e quelli di Chimica biologica. Anton Dohrn doveva sopravvivere solo 3 anni al completamento della Stazione Zoologica, la cui direzione passò nel 1909 al terzo figlio di Anton, Rinaldo, prescelto dal padre come la persona più adatta a proseguire la sua opera.

Le qualità richieste a chi doveva assumere la direzione della Stazione Zoologica seguendo la linea programmatica fissata dal suo fondatore e che tanto prestigio aveva dato all'istituzione, erano molteplici: buona reputazione scientifica e dimostrata capacità organizzativa che fossero garanti delle sue iniziative di fronte al mondo culturale e amministrativo tedesco, buone relazioni con l'ambiente culturale e amministrativo italiano e particolarmente napoletano, per tanti aspetti diversi da quello germanico, amicizia e relazioni personali con scienziati di tutto il mondo. Ora Rinaldo Dohrn, nato e cresciuto a Napoli, formato scientificamente in Germania e, per consuetudine familiare, in relazione fin dalla giovinezza con studiosi e uomini di cultura di ogni Paese, assommava nella sua persona queste qualità. Alle quali mi permetterei di aggiungere la disponibilità a limitare se necessario l'attività scientifica propria – rinuncia questa assai dura per un uomo di scienza – quando ciò fosse richiesto dalle pesanti esigenze della gestione di un Istituto internazionale così grande e complesso come la Stazione Zoologica. E mi domando chi, se non il figlio del fondatore della Stazione, sarebbe stato disposto ad una simile rinuncia.

Ma ciò che stava a cuore a Rinaldo Dohrn non era tanto l'aspetto formale della sua posizione personale, quanto il ripristino del carattere della Stazione Zoologica che voleva essere istituzionalmente in primo luogo un "servizio" ad altissimo livello offerto in primo luogo alla comunità zoologica internazionale, cioè una opportunità di studio e di lavoro in un ambiente scientifico per molti aspetti unico nel mondo. Programma che per le sue doti personali e per le sue relazioni internazionali, Rinaldo Dohrn riuscì a realizzare in un tempo sorprendentemente breve.

E' sotto la direzione di Rinaldo Dohrn, specialmente dopo che egli ha giudicato giunto il momento di dare particolare rilievo all'indirizzo di biologia sperimentale, che i rapporti fra la Stazione Zoologica e la ricerca biomedica riprendono e si intensificano. E non perché egli, almeno per quanto mi risulta, desiderasse esplicitamente uno sviluppo del genere, anche se la sua amicizia personale con alcuni biologi di estrazione medica come Francesco Pentimalli e Luigi Califano, che gli fu sempre fedele consigliere ed amico, avrà certamente valso ad illuminarlo su diversi problemi di biologia che tradizionalmente vengono considerati di spettanza medica.

Finché zoologia ha significato descrizione morfologica di forme animali, loro classificazione, studio delle specie in relazione all'ambiente e simili e medicina ha significato anatomia dell'uomo e di alcune specie di animali domestici, studio delle funzioni degli organi e dei cosidetti apparati organici, descrizione e classificazione delle malattie in base alla sintomologia ed alle alterazioni anatomo-patologiche degli organi e simili, è evidente che Zoologia e Medicina sono stati due corpi dottrinali diversi non aventi apparentemente niente a che fare l'uno con l'altro. Ma quando zoologi da un lato e cultori di medicina dall'altro si sono messi sulla strada della analisi della ultrastruttura cellulare, delle funzioni degli organelli cellulari, del meccanismo di trasporto attraverso membrana, della produzione e del trasferimento di energia, della trascrizione e traduzione dell'informazione genetica ecc., le loro strade, prima remote, confluiscono. In altri termini tali ricerche dimostrano che tutti gli animali, pur diversissimi tra di loro ad un livello integrativo elevato, hanno strutture morfo-funzionali sorprendentemente comuni a tutti ad un livello elementare. Constatazione che conferisce alla biologia un fascino particolarmente vivo e che, sul piano operativo, suggerisce scambi culturali e informazioni di ordine metodologico fra biologi di estrazione diversa.

E considero un merito singolare di Rinaldo Dohrn di avere intuito, prima che ne venisse data la dimostrazione, quale sarebbe stata l'evoluzione della biologia; onde l'opportunità di invitare a lavorare nella Stazione Zoologica anche ricercatori d'avanguardia provenienti dal campo che genericamente si potrebbe indicare come biomedico, o comunque non strettamente zoologico, al fine di promuovere scambi di idee fra biologi di estrazione diversa facenti parte di quella comunità operante nella Stazione che il Boveri, con felice espressione, aveva definito un "congresso zoologico permanente".

Così un certo numero di tavoli di studio venne occupato ogni anno da fisiologi, da biochimici, da biofisici, da endocrinologi, da patologi sperimentali, il cui elenco è troppo lungo per essere riportato in questo breve intervento. Vorrei ricordare soltanto che in tale elenco compaiono i nomi di Einthoven, di Loewi, di Warburg, di Svedberg, di Szent-Györgji, di Roche, di Wilkins. Alcuni di essi compirono tappe importanti delle loro ricerche presso la Stazione Zoologica dove tornarono a lavorare in più riprese, altri iniziarono in quella sede un filone di studi destinato ad aprire strade nuove e fondamentali per la biologia di base.

Mi piace ricordare a questo proposito il nome di Otto Warburg, che iniziò qui le sue ricerche sulla respirazione cellulare, usando come oggetto biologico le uova di riccio di mare e costruendo nei laboratori della Stazione il suo primo microrespirometro. Così che si può affermare che l'opera fondamentale di Warburg, condensata nel volume „Katalytische Wirkung der lebendigen Substanz", cioè la definizione della struttura dei coenzimi piridinici e della loro funzione di accettare e cedere protoni ed elettroni nel quadro della respirazione cellulare, processo comune a tutti gli esseri viventi che ricavano energia dalla assimilazione di molecole organiche, ha preso le sue mosse nella Stazione Zoologica.

Non posso dimenticare cosa ha rappresentato la Stazione Zoologica per i ricercatori italiani nel periodo fra le due guerre. Costretti a vivere in un ambiente universitario cronicamente povero di mezzi, con ben scarse possibilità di scambi con laboratori stranieri, in un clima politico indifferente se non ostile ad ogni iniziativa scientifica che non avesse obiettivi pratici o almeno propagandistici, essi guardavano alla Stazione Zoologica come ad una grande finestra aperta sul mondo, come ad esempio di una comunità di studiosi che, per una regola liberamente accettata, aveva lasciato fuori della porta le loro eventuali divergenze nazionalistiche e politiche, per parlare solo il linguaggio, a tutti comune, della ricerca avente come fine la conoscenza del mondo biologico nei suoi diversi aspetti.

Un ambiente umano, quello della Stazione Zoologica, forse irripetibile, dovuto all'opera intelligente e discreta di quel gran signore, quell'uomo eccezionale che è stato Rinaldo Dohrn.

Silvio Ranzi

Rinaldo Dohrn nel centenario della sua nascita

Cento anni or sono, il 13 marzo 1880, nasceva in Napoli da Antonio Dohrn e Maria Baranowska: Rinaldo Dohrn.

Antonio Dohrn, docente di Zoologia a Jena, era venuto a Napoli e aveva fondato, una decina di anni prima della nascita di Rinaldo, la Stazione Zoologica che aveva cominciato a funzionare nel 1873. Nella Stazione Zoologica, di cui la casa Dohrn altro non era che un'appendice, Rinaldo fu allevato e apprese a pieno l'entusiasmo e la dedizione che per essa aveva il padre. Nel 1909, alla morte di Antonio ne assunse la direzione. Appena ventinovenne era preparatissimo all'arduo compito che lo attendeva. Aveva visto il padre suo lottare duramente per fare affermare la Stazione e ad essa tutto sacrificare. Aveva sentito raccontare dalla viva voce del padre i sacrifici materiali che erano stati necessari per fondarla. Sapeva che la vita lo avrebbe posto davanti a situazioni difficili.

Sotto la sua saggia guida la Stazione ebbe un ulteriore sviluppo. Nel 1913 Rinaldo sposò a Mosca Tatjana Romanowna Givago, che fu per lui la compagna eletta che lo seppe comprendere, assecondare, aiutare durante tutta la vita, nella buona e nella cattiva sorte. Ma ben presto vennero le difficoltà rappresentate dalla Prima Guerra Mondiale. La guerra tra l'Italia a gli Imperi centrali obbligò Rinaldo a trasferirsi a Zurigo, dove continuò il suo lavoro curando le due pubblicazioni periodiche della Stazione, i „Mittheilungen" e le monografie della „Fauna und Flora", e lasciando a Napoli la Stazione affidata a un vecchio amico di famiglia salito sulla cattedra universitaria dopo un periodo di assistentato alla Stazione: Federico Raffaele. Ma la situazione ben presto si complicò e la Stazione fu sequestrata come bene di suddito nemico. Alla fine della guerra furono necessari cinque anni per trovare una sistemazione del grande Istituto. Scartando la proposta di Benedetto Croce, che quale ministro della Pubblica Istruzione voleva rendere la Stazione a Rinaldo Dohrn, si trovò che la migliore soluzione per l'Istituto era costituirlo in Ente morale dando a Rinaldo Dohrn la direzione di esso, insieme alla qualifica di amministratore delegato. Fu così che nel 1923 Rinaldo rientrò nel l'Istituto. Ormai aveva tre figli: Antonietta, oggi valente assistente della Stazione, Pietro che per qualche tempo ne tenne la direzione, e Amarilli, oggi sposa dello zoologo scozzese Callan. Il rientrare a Napoli fu per Dohrn ricominciare. Bisognava riorganizzare l'Istituto, rifare i contratti per i posti di studio che erano il fondamento della vita stessa della Stazione, fare scomparire nel minore tempo possibile i residui delle lotte degli anni nei quali era stato lontano.

Per tutto questo Rinaldo e la sua compagna si prodigarono e, dopo poco tempo, anche i più accerrimi nemici di ieri credettero in buona fede di essere stati sempre i migliori amici, tanta era l'abilità, la signorilità e la bontà di Rinaldo. Così trascorsero gli anni tra le due guerre. Lo svilupparsi di accesi nazionalismi creò, a più riprese, situazioni difficili per il Dohrn e per la Stazione. Ma Rinaldo seppe con grande abilità destreggiarsi e seppe anche dire, a chi gli offriva una Stazione tedesca, che ormai la soluzione di Ente italiano era la migliore e che era meglio non cambiare nulla, visto che così la Stazione poteva rispondere ai suoi fini e cioè essere uno dei più grandi laboratori di Biologia del mondo, come l'aveva voluto Antonio Dohrn e come lo volevano zoologi e biologi di tutto il mondo.

Venne poi la Seconda Guerra Mondiale e con essa le distruzioni prima e poi l'armistizio e l'occupazione, al principio tedesca, poi alleata. Dohrn, sebbene sollecitato dal consolato e dal comando germanico, non lasciò Napoli, e quando si accorse di non poter resistere alle pressioni, riparò a Sorrento. Questo suo modo di agire alleviò alla Stazione Zoologica le conseguenze della guerra, perché già nel 1943 poté essere nuovamente al suo posto.

Difficoltà lo attendevano, ma la fama a cui egli aveva portato l'Istituto era tale che subito giunsero gli aiuti necessari a farlo risorgere. Nel frattempo tristissime notizie giungevano. La famiglia Dohrn era stata in Germania duramente colpita, ma egli seppe trovare la forza necessaria e la situazione ben presto si normalizzò. Quando ormai ultrasettantenne decise di ritirarsi, gli zoologi italiani unanimi designarono suo successore il figlio Pietro, che da lui aveva appreso l'amore per la Stazione.

Solo chi ha conosciuto Rinaldo può apprezzarne appieno le doti. Di animo fine, appassionato di musica, profondo conoscitore di arte aveva il merito di mantenere attorno a sé una atmosfera serena ed elevata. La sua casa era aperta a tutti i frequentatori della Stazione, aperta ai maestri per discussioni elevate, aperta ai giovani magari per dormire, se non avevano i mezzi per procurarsi un tetto. Quando ebbe il tempo e le possibilità, anche artisti e letterati frequentarono la sua casa.

Il Dohrn ebbe nel 1941 la cittadinanza onoraria di Napoli. Mai credo che la cittadinanza onoraria a un suddito straniero fu più degnamente attribuita.

Io, che per quattordici anni ho avuto la ventura di essere a suo quotidiano contatto al servizio della Stazione e poi a più riprese ricercatore ospite, lo ricordo con commozione, seduto alla sua scrivania, mentre riceveva con signorile cortesia gente di tutti i paesi e di tutti i ceti sociali, manifestando il massimo rispetto per la personalità altrui e cercando di cogliere, con profonda umanità, il lato migliore e positivo di ciascuno. Questo suo «savoir faire» nei rapporti umani era uno dei segreti del suo successo; grazie alla sua arte diplomatica, egli riusciva ad amalgamare persone di mentalità e sentimenti eterogenei in quel tutto omogeneo che era la Stazione Zoologica. L'essere figlio di un uomo di genio è sempre una pesante eredità e Antonio Dohrn era stato una delle figure più significative e affascinanti del secolo scorso. Rinaldo non aveva di lui né l'irruenza focosa né il dinamismo eccezionale né la passione per la ricerca scientifica propria; era calmo, pacato, tenace, ma aveva un raro senso di equilibrio, uno spiccatissimo spirito organizzativo e una spiccata ammirazione per le altrui ricerche. Queste doti gli permisero di diventare un saggio e oculato amministratore, un meticoloso e preciso ordinatore della Stazione.

Ora Rinaldo Dohrn, che chiuse la sua vita terrena in Roma il 14 dicembre 1962, riposa nel cimitero inglese di Napoli, vicino alla consorte mancata dieci anni prima. Egli lascia però un ricordo indelebile in chi lo conobbe. Può essere definito un maestro di vita e di virtù.

I Dohrn con la loro Stazione Zoologica permisero a ricercatori convenuti dai più svariati Paesi di intraprendere e condurre a termine ricerche mirabili. Questa organizzazione è stata di modello a laboratori esteri e lo scorso anno il vecchio direttore del grande Laboratorio di Biologia Marina statunitense di Woods Hole mi diceva che gli Americani dai Dohrn avevano appreso come organizzare il loro laboratorio e ai Dohrn erano grati.

Con una introduzione pubblicata in: Cultura e Scuola, n. 74, aprile-giugno 1980, p. 230–232

Karl Josef Partsch

Reinhard Dohrn – Mittler zwischen Italien und Deutschland

Am Anfang soll ein Zitat stehen: „Während die Zoologische Station in ihren ersten 43 Jahren ein blühendes Leben entfaltete, haben sie schwere und grundsätzliche Probleme in der Zeit nach dem ersten Weltkrieg bedroht. Die schwere Krise überwand ein Mann von Leidenschaft und Treue: Reinhard – der Sohn Anton Dohrns, in Neapel geboren und in der Atmosphäre der Station aufgewachsen – hatte dieses Institut zu seinem Lebensinhalt gemacht."

Diese Worte wurden im Jahre 1941 von der Stadtverwaltung von Neapel an das italienische Innenministerium geschrieben, um die Genehmigung zu erhalten, Reinhard Dohrn die Ehrenbürgerschaft von Neapel zuerkennen zu dürfen.

Damals hat man sich nicht verleugnet, daß während der Zeit, in der Reinhard Dohrn die Leitung der Zoologischen Station anvertraut war, schwere und grundsätzliche Probleme bestanden, daß da schwierige und widrige Umstände zu meistern waren. Genau damit will ich mich hier beschäftigen. Die Haltung Dohrns vor diesen schwierigen Problemen, welche auch die Beziehungen zwischen dem Sitzstaat und dem Heimatstaat Dohrns betrafen.

Anton Dohrn hat sich früh mit der Frage seiner Nachfolge beschäftigt. Unter seinen vier Söhnen hatte er zunächst den ältesten Sohn Boguslav dazu bestimmt. Dieser traf jedoch eine andere Berufsentscheidung. Darauf wählte Anton Dohrn seinen dritten Sohn Reinhard. Entscheidend war nicht nur dessen Neigung, sich dem Studium der Biologie zu widmen. Wichtiger waren dessen persönliche Eigenschaften: seine Leichtigkeit im Umgang mit anderen Menschen, seine Sprachkenntnisse, vor allem die des neapolitanischen Dialekts. 1907 schreibt er an einen Freund: „Reinhard macht sich sehr gut als Administrator und hat überall volle Autorität, weil er eben ein Gentleman und nicht nur ein Fachmann ist."

Kurz nach dem Tod des Vaters wurde Reinhard in einen politischen Gegensatz verwickelt. München und Berlin wollten die Marées-Fresken nach Deutschland überführen. Kronprinz Rupprecht von Bayern konnte sich auf Versprechungen berufen, die schon Anton Dohrn ihm gemacht hatte, während der Prinz August Wilhelm von Preußen, ein Sohn Wilhelms II., sich auf die erheblichen Subventionen seitens des Reiches und auch des preußischen Staates an die Station stützte. Reinhard Dohrn hingegen machte geltend, weder die Interessen Neapels noch die Italiens dürften vernachlässigt werden. Nachdem der Kaiser entschieden hatte, die Fresken sollten am besten da bleiben, wo sie wären, zog Reinhard das Angebot seines Vaters an Bayern zurück. In diesem Streit zwischen den beiden deutschen Fürsten war es schließlich entscheidend, daß es jemanden gab, der an die Interessen der Stadt und auch des Landes dachte, in dem sich das bedeutende Kunstwerk befand.

Nach Ausbruch des ersten Weltkrieges mußte Reinhard Dohrn zusammen mit den deutschen und österreichischen Assistenten Neapel verlassen. Er vertraute die Leitung der Station dem alten Freunde Federico Raffaele an, der damals Professor der Biologie an der Universität Rom war. Er selbst ging nach Zürich, um von dort aus für die Station zu wirken. Zürich hatte er gewählt, um die Verbindungen mit Wissenschaftlern und auch mit wissenschaftlichen Institutionen im alliierten Ausland aufrechterhalten zu können. Solange Raffaele die Station leitete, sandte er ihm auch die nötigen Mittel zur Unterhaltung der Station. Die Mittel dazu waren ihm von Deutschland, Österreich und Ungarn zur Verfügung gestellt worden. Die italienische Regierung hat jedoch die Vollmacht für Professor Raffaele nicht anerkannt, sondern ernannte einen Sonderkommissar für die Verwaltung der Station. Zu ihm mußte Reinhard Dohrn in ein Konkurrenzverhältnis, insbesondere hinsichtlich der auswärtigen Beziehungen der Station, geraten. Die englischen Universitäten und auch eine amerikanische Institution zur Wissenschaftsförderung zahlten weiterhin an Neapel die Tischmieten, während die Mehrheit der neutralen Staaten ihre Zahlungen einstellten.

Nach Kriegsende war die Lage Dohrns äußerst schwierig. Durch Verordnungen von 1918 hatte die italienische Regierung den Übergang des deutschen Eigentums an der Zoologischen Station auf eine Körperschaft des italienischen Rechts, unter der Aufsicht des Kultusministeriums, verfügt. Professoren der Universität Neapel leiteten die Station, ohne eine erhebliche Unterstützung aus dem Ausland gewinnen zu können.

Reinhard Dohrn hat schon im April 1920 seine Ideen entwickelt, um die Station aus der wissenschaftlichen Isolierung, in der sie sich befand, zu retten. Dabei stützte er sich auf die Hoffnung, daß es doch in Italien starke Strömungen gab, die Erbschaft des Krieges auf der Grundlage gemeinsamer Interessen zu liquidieren. Er erklärte sich bereit, auf die Rechtsstellung als Konzessionsnehmer der Stadt Neapel zu verzichten und die Rechtsform einer Körperschaft des italienischen Rechts anzuerkennen, wenn die Überlieferungen einer internationalen Zusammenarbeit mit der biologischen Wissenschaft in der Welt fortgeführt werden können. Er sah sich selbst als Direktor, der mit einigen der alten Assistenten zusammenarbeiten und die Beziehungen zum Ausland wiederbeleben könne. Der Verwaltungsrat der Station solle dabei zu einem internationalen Beratergremium umgestaltet werden.

Nur wenige Monate, nachdem diese Situationsanalyse erstellt worden war, übernahm der große liberale Denker Benedetto Croce das Kultusministerium und entwickelte einen Plan, die Station an Dohrn zurückzugeben und unter Aufhebung der Kriegsdekrete die private Leitung der Station wieder herzustellen. Er stellte Dohrn nur folgende Bedingungen:

– engere Verbindung mit der biologischen Wissenschaft Italiens;
– Veröffentlichungen in italienischem Gewande;
– Verzicht auf alle Ansprüche für Schäden, die durch die Kriegsmaßnahmen verursacht worden waren.

Teilweise leiteten ihn praktische Gesichtspunkte, teilweise aber auch grundsätzliche. Croce wollte Italien von der finanziellen Last befreien. Er sprach von einer jährlichen Belastung von 400 000 Lire. Andererseits entsprach aber dieser Plan seiner Vorstellung von der Freiheit der Wissenschaft, von dem Wert der Privatinitiative auf diesem Gebiet und auch von den nötigen Grenzen staatlicher Eingriffe. Dohrn hätte auch andere Bedingungen – wie zum Beispiel einen italienischen Verwaltungsrat – angenommen. „Warum habe ich ihm den nicht auferlegt?" – fragte er im italienischen Senat. „Sicher nicht, weil Dohrn das abgelehnt hätte. Er ist allen Forderungen zugänglich, welche die Regierung erhoben hat und noch erhebt. Ich sehe aber kein Mittelding zwischen privater und staatlicher Verwaltung und lehne alle Zwitterhaftigkeiten ab, die immer die schlechtesten Ergebnisse zeitigten."

Croce fand die Zustimmung des Kabinetts und auch der beiden Kammern, obwohl sich dort auch eine Gegnerschaft seitens weniger liberaler und stärker nationalistischer Abgeordneter zu Worte meldete.

Am 15. Dezember 1920 forderte Croce Dohrn auf, nach Neapel zu kommen, um persönlich die Station zu übernehmen. Zehn Tage später mußte er seine Einladung widerrufen: „In diesen Tagen hat sich eine neue Lage ergeben. Die Stadtverwaltung von Neapel hat die Station in Besitz genommen." Sie hatte sich radikaler Studenten bedient, um die Station zu besetzen. Croce fügte dem Brief eigenhändig hinzu: „Nun müssen Sie sehen, wie Sie mit der neuen Lage, über die ich Sie unterrichte, fertig werden."

Damals lag Dohrn schwer krank in einer Klinik in Berlin. Er bat den Bruder Boguslav, die Lage in Neapel zu erkunden und in enger Fühlungnahme mit ihm die ersten Schritte einzuleiten. Seine erste Weisung an den Bruder lautete: „Ein Prozeß mit der Stadt um die Zoologische Station ist ein Unding. Nur wenn die Stadt anerkennt, daß mich nicht egoistische Privatinteressen leiten, sondern Anhänglichkeit an die Sache der Zoologischen Station, dann ist die moralische Atmosphäre da, in der ich atmen kann. Ein Rechtsstreit schafft diese nicht." Diese Haltung hat er so lange wie möglich bewahrt, und wir wissen, daß er sich schließlich nur deswegen entschlossen hat, den Rechtsweg zu beschreiten, weil die Stadtverwaltung sich eindeutig erst dann zu Verhandlungen bereit erklärt hat, nachdem die Gerichte entschieden hätten, ob Dohrn seine Vertragspflichten verletzte, als er 1915 Neapel verließ.

Aus dem Briefwechsel der beiden Brüder läßt sich im einzelnen entnehmen, welche Beweggründe Reinhard Dohrn in den nächsten Jahren bei seinen Handlungen leiteten. Den Prozeß hat er stets nur als Grundlage für eine freundschaftliche Verständigung mit der Stadt und auch der Regierung betrachtet. Diese Haltung mußte er dem älteren Bruder ganz deutlich klarmachen, ja sogar rechtfertigen, der zwar auch in Neapel geboren und aufgewachsen war, aber doch im Umgang mit Bauern und Industriellen an der Ostsee eine ganz andere Sinnesart erworben hatte.

Es ist hier und heute nicht möglich, alle Einzelheiten der Verhandlungen vor den Gerichten nachzuzeichnen, sondern es mag genügen, daran zu erinnern, daß weder das Gericht erster Instanz noch das Berufungsgericht in Neapel die Anwürfe der Stadtverwaltung als berechtigt bezeichneten. Kurz nachdem sie gesprochen hatten, fanden im Sommer 1922 in Genua Verhandlungen zwischen Italien und Deutschland über das deutsche Vermögen in Italien statt. Während dieser Verhandlungen fand sich die italienische Regierung bereit, die Station aus der Liste des endgültig konfiszierten Feindvermögens zu streichen, freilich unter der Bedingung, „daß die Zoologische Station im Einvernehmen mit der italienischen Regierung und mit der Stadt Neapel von Dohrn innerhalb einer Frist von fünf Jahren in eine autonome Körperschaft nach italienischem Recht umgewandelt werde. In Anerkennung der Verdienste des Gründers und seines Sohnes wird die italienische Regierung alles ihr Mögliche tun, um Dohrn in dieser Körperschaft eine ständige wissenschaftliche und verwaltungsmäßige Stellung zu verschaffen, welche der früher von ihm innegehabten entspricht."

Wenn diese Formel von Genua formell auch nie in Kraft getreten ist, zeigt sie doch mindestens, was Dohrn zu erreichen hoffen konnte, bevor Mussolini im Oktober 1922 den Marsch auf Rom antrat, um die Macht zu übernehmen. Der Kampf Dohrns, um die Leitung der Station wieder übernehmen zu können, ist dadurch gekennzeichnet, daß alle unmittelbaren Teilnehmer an den Auseinandersetzungen auf beiden Seiten – ausgenommen Dohrn selbst – Italiener waren. Auf der einen Seite Croce, Mortara, Federico Raffaele und in gewissem Sinne auch die neapolitanischen Gerichte, auf der anderen Seite die Nationalisten, welche die während des Krieges gewachsenen Gefühle und Vorurteile noch nicht zu überwinden vermochten.

Deutsche Stellen waren an ihnen nur mittelbar beteiligt, vor allem als der Minister Croce von Dohrn eine formelle Erklärung verlangte, er verzichte auf alle Schadensansprüche. Obwohl Dohrn in Berlin nicht die erstrebte Rückendeckung erhielt, gab er dennoch die Erklärung ab.

Die Machtergreifung Mussolinis hat die Atmosphäre grundlegend verändert. Der Ausgang des Verfahrens vor dem Kassationshof sollte nun – so wurde erklärt – nichts mehr ändern. In den Verhandlungen, die im Frühjahr 1923 wieder aufgenommen wurden, hat zwar der Unterrichtsminister, der Philosoph Giovanni Gentile, alles ihm mögliche getan, um eine Lösung zu erreichen, die mit der internationalen Mission der Station vereinbar war. An ihnen waren aber auch andere Ressorts beteiligt und so unterscheidet sich die schließlich gefundene Lösung, die in einer Vereinbarung vom Oktober 1923 niedergelegt wurde, ganz entschieden von der Genueser Formel. Die Verwaltung der Station wurde einem Verwaltungsrat anvertraut, der ausschließlich von italienischen Behörden oder Körperschaften benannt wurde, Dohrn als "Consigliere Delegato" hatte nur die Aufgabe, dessen Entscheidungen auszuführen. Die Abteilungsleiter mußten italienische Staatsbürger sein, Ausländer durften allenfalls als Assistenten beschäftigt werden. Im Statut waren die Beiträge des Ministeriums, der Stadt und wissenschaftlicher Institutionen, welche die Mitglieder des Verwaltungsrates benannten, nicht festgelegt.

Dieses neue Statut darf nicht allein mit der Genueser Formel verglichen werden. Englische und amerikanische Wissenschaftler hatten kategorisch die Einrichtung eines internationalen Ausschusses verlangt, der aus Biologen aus den Staaten bestehe, die Arbeitstische in Neapel belegten und damit das wissenschaftliche Leben der Station mitbestimmten. Es war auch erwogen worden, die Station dem Völkerbund zu unterstellen. Alle diese Pläne wichen der sogenannten "Internazionalità Italiana".

Während der Verhandlungen mit den Vertretern des neuen Regimes hatte Reinhard Dohrn kränkende Demütigungen erfahren. Dennoch schreibt er an den Freund und Bruder, als er ihm schildert, wie er das neue Amt antrat: „Aber auch so bin ich wie erlöst, endlich aus diesem problematischen Zustand heraus zu sein. Und obwohl ich natürlich . . . weidlich müde bin, so danke ich doch Gott, daß ich endlich wieder einen Lebensinhalt habe."

Das Amt forderte seine ganze Kraft, zunächst bei der Reorganisation des Mitarbeiterstabes. Dieser war nach dem Statut vorwiegend aus Italienern zu bilden. Das wurde befolgt. Nicht nur die Abteilungsleiter, sondern auch die meisten Assistenten kamen aus dem Lande.

Dann die Wiederbelebung der Beziehungen zum Ausland. Bald kamen die ersten Gastforscher aus Großbritannien, Schweden, den Niederlanden, aus Deutschland und Ungarn. Auch die Zahl der Arbeitstische wird beträchtlich vermehrt. Schon in der ersten Sitzung des Verwaltungsrates hatte sich Dohrn ermächtigen lassen, den währungsschwachen Staaten Mittel- und Osteuropas Verträge zu einem sehr günstigen Preis anzubieten, während die Mietraten ansonsten kräftig anzuheben seien.

Die Leitung der Station mußte im Verhältnis zu Deutschland große Vorsicht walten lassen. Um keinen Verdacht aufkommen zu lassen, durfte die Zahl der deutschen Tische niemals die der italienischen übersteigen. Daher mußten gewisse Nachfragen abgelehnt werden. Die Leitung hatte Zweifel, ob sie über die Tischmieten hinaus allgemeine Zuschüsse von fremden Staaten annehmen dürfe. Freilich galt dies nicht für den Jahresbeitrag der Kaiser-Wilhelm-Gesellschaft.

Da die laufenden Beiträge italienischer Stellen in der Zeit zwischen den beiden Weltkriegen niemals über 15–20% der Gesamteinnahmen hinausgingen, mußten die notwendigen Mittel irgendwo anders im Ausland gefunden werden. Die Rockefeller-Stiftung trat helfend ein. Von 1924–1929 gewährte sie einen Jahreszuschuß zwischen 10 000 und 7000 Dollar und übernahm damit ungefähr 20% des Gesamtaufkommens. Dieser Zuschuß machte das Entgegenkommen gegenüber währungsschwachen Ländern möglich, unter denen sich neben Polen, Österreich und Deutschland auch die Sowjetunion befand, die 1925 wieder vier Tische angemietet hatte. Ursprünglich hatte die Stiftung vorgeschlagen, selbst eine erhebliche Anzahl von Arbeitstischen für Forscher aus allen Ländern und ohne Rücksicht auf deren Staatsangehörigkeit zu mieten. Dohrn hatte Bedenken, dieses großzügige

Angebot anzunehmen, das die Station stark von einem Geldgeber abhängig gemacht hätte. Er hoffte auch, die währungsschwachen Länder würden sich erholen und dann imstande sein, ihre Beiträge zu erhöhen. In Übereinstimmung mit dem Verwaltungsrat lehnte er das Angebot ab. Schon nach 4 Jahren haben sich seine Hoffnungen verwirklicht. So erwies es sich doch als richtig, die angebotene Hilfe zur Überbrückung vorübergehender Schwierigkeiten zu nutzen, statt sich auf Dauer übermäßig an eine Institution zu binden.

Über alle diese Maßnahmen entschied der Verwaltungsrat, der aus sachkundigen Mitgliedern bestand. Unter ihnen war der alte Freund der Station, Federico Raffaele. In den ersten Jahren führte den Vorsitz der Beigeordnete Mercurio, ein Mann von großem Verständnis und Wohlwollen. Sekretär des Verwaltungsrates war Rechtsanwalt Campobasso, der gemeinsam mit den Anwälten Fragola und Marghieri bei den Verhandlungen während der schwierigen Jahre 1920–1923 Reinhard Dohrn wirksam beraten und unterstützt hatte. 1932 trat der Chemiker Francesco Giordani hinzu, der dieses Amt fast 30 Jahre lang wahrnehmen sollte. Es gab allerdings mit einem Mitglied des Verwaltungsrates, das während des Krieges an der Station gearbeitet hatte, ernsthafte Schwierigkeiten, die ausschließlich mit der Unterstützung italienischer Freunde bereinigt werden konnten, ohne die Probleme ins Ausland zu tragen.

Der Konflikt ereignete sich 1926 und führte schließlich zum Rücktritt des Gegenspielers von seinem Ratssitz. Reinhard Dohrn war in den Auseinandersetzungen bezichtigt worden, sich illoyal gegenüber dem Faschismus zu verhalten. Dabei ist daran zu erinnern, daß der Faschismus in den ersten Jahren – also während der Weimarer Republik – alles andere als freundlich gegenüber Deutschland war. Andererseits muß es bekannt gewesen sein, daß die Familie Dohrn einer alten liberalen Familientradition zuneigte und daher kaum bereit war, sich für totalitäre Staatsdoktrinen zu begeistern. Reinhard Dohrn hat es jedoch stets vermieden, sich in die Innenpolitik des Gastlandes einzumischen. Er beurteilte das neue Regime fast ausschließlich unter dem Gesichtspunkt der Interessen der Station. Am 11. November 1922 schreibt er an Julian Huxley: „Während der letzten Monate hegte ich einige

Befürchtungen wegen des Faschismus und war nicht sicher, welche Auswirkungen sich daraus für die Zoologische Station ergeben würden. Jetzt bin ich sicher, daß ich vieles zu hoffen und wenig von dem neuen Regime zu fürchten habe." Ähnlich an den sehr viel stärker engagierten Bruder: „Hoffen wir das beste – schließlich ist ihr Unterrichtsminister G. Gentile ein sehr anständiger Mann, ein alter Mitarbeiter Croces, der mit den Angelegenheiten der Station völlig vertraut ist und der, dessen bin ich sicher, alles tun wird, um eine anständige Lösung der Angelegenheit zu sichern."

Es erscheint bemerkenswert, daß eine politische Lehre wie die des Faschismus, die intensiv alle Lebensbereiche prägte, dennoch das wissenschaftliche Leben der Station nicht tiefgreifend beeinflußte. Gewiß wurden bestimmte – aber eher oberflächliche – Zugeständnisse an den Zeitgeist gemacht, wie die Gewährung von Stipendien an Jungfaschisten. Andererseits entwickelten sich die Auslandsbeziehungen der Station fast unbeeinflußt von der politischen Linie, der Italien damals folgte.

Mit dem politischen Machtwechsel in Deutschland 1933 und gar mit der Achse Berlin-Rom nach dem spanischen Bürgerkrieg ergaben sich hingegen schwierige Probleme. Ein Mitarbeiter der Station, der diese Zeit miterlebte, kennzeichnete die persönliche Haltung Reinhard Dohrns mit den Worten: Er „hat es konsequent vermieden, das trügerische Klima der Achsenkonjunktur und der deutschen Kulturpropaganda Einfluß nehmen zu lassen auf die freitragende Struktur seiner Anstalt . . . Die stille, doch tatkräftige Entschlossenheit zur Humanität mit all ihren Konsequenzen gegenüber dem politischen Spiel der Umgebung ist in dieser Betontheit ein neuer Zug im Gesicht der Zoologischen Station." Nur selten bricht er das Schweigen, so wenn er 1933 an einen Norweger schreibt: „Haben Sie keinen Strommesser für politische Strömungen? Wohin treiben die uns?" Die Freunde aus Deutschland wissen, auf welcher Seite er steht. Immer häufiger kommen Ersuchen um Hilfe und Vermittlung. Dohrn hat in der Stille geholfen. Aus rassischen und politischen Gründen in Deutschland aus ihren Ämtern verdrängte Forscher nahm er als zusätzliche Gäste auf, gewährte ihnen Stipendien, um die Zeit bis zur Auswanderung zu überbrücken. Diese Hilfstätigkeit ermöglichte eine ihm persönlich gewährte Zuwendung der Rockefeller-Stiftung in Höhe von 25 000 Dollar, die offiziell erst 1958 bekannt wurde. Bis dahin wußte man von dem, was er in dieser Zeit getan hat, nur aus Zeugnissen verfolgter Personen. Ich nenne hier nur die großzügige Hilfe, die Ernst Scharrer, der aus München nach Amerika ausgewandert war, der Station in den schwersten Nachkriegsjahren leistete.

Im Sommer 1938 nahm das deutsche Auswärtige Amt Verhandlungen mit der italienischen Regierung auf, um aus der Station eine deutsch-italienische Einrichtung zu machen. Das hätte zwar einen großen Teil der Finanzierungsprobleme gelöst, aber Dohrn hat sich eindeutig gegen diesen Plan ausgesprochen. Die Station sollte kein Organ der Achse werden. So fiel der Plan.

Blickt man auf die Jahre von 1924 bis 1943 zurück, so zeigt sich deutlich, daß Reinhard Dohrn während der Jahre, in denen die Beziehungen zwischen seinem Heimatstaat und dem Gastland nicht die besten waren, alles ihm mögliche getan hat, um sie zu verbessern. Sobald die beiden Länder sich jedoch auf der Grundlage einer seinen Überzeugungen fernstehenden politischen Ideologie verbündeten, lehnte er es ab, aus dieser Konjunktur Nutzen zu ziehen.

Die deutschen Behörden forderten 1943 Dohrn auf, sich nach Deutschland zu begeben, er zog es aber vor, nahe bei der Station zu bleiben. Nach der Zerstörung seines Hauses am Rione Amedeo ging er zeitweilig nach Sorrent und vertraute die Leitung der Station dem Abteilungsleiter für Zoologie, Professor Giuseppe Montalenti an, der dann auch die ersten Verhandlungen mit der amerikanischen Militärverwaltung führte, die sich wohlmeinend zeigte.

Auch Benedetto Croce war damals in Sorrent. Schon am 17. September 1943 hatte er den englischen Admiral J.B. Morse über die Haltung Dohrns während der letzten Jahre unterrichtet und ihn als „Neutralen" bezeichnet. Zum selben Ergebnis kamen in der Folge die amerikanischen und italienischen Stellen, die ihn überprüften. Er behielt seine Stelle, wie übrigens auch – mit einer Ausnahme – die Mitglieder des Verwaltungsrates. Als der Gastforscher, der als letzter vor dem Krieg den Arbeitstisch der Universität Oxford eingenommen hatte, in englischer Offiziersuniform das bescheidene Haus in S. Agnello suchte, in dem die Familie Dohrn untergekommen war, hatte er Schwierigkeiten, den Weg zu finden, weil die Nachbarn fürchteten, der Engländer wolle die Dohrns verhaften.

Zu Beginn habe ich angekündigt, vorwiegend über die schweren und grundsätzlichen Probleme, die schwierigen und widrigen Umstände zu sprechen, die sich für Reinhard Dohrn aus seiner Stellung zwischen den beiden Nationen ergaben. In den folgenden Jahren hat es keine so dramatischen Verwicklungen mehr gegeben wie zwischen den beiden Weltkriegen. Zum Teil kann man sich den Unterschied zwischen den Situationen im Jahre 1919 und im Jahre 1949 mit den Wesenszügen der beiden Kriege erklären. Der erste Weltkrieg war eine Auseinandersetzung zwischen nationalen Interessen, die Politik diente deren Wahrnehmung. Der zweite Weltkrieg hingegen war eine Auseinandersetzung zwischen politischen Ideologien. In dem „Kreuzzug für die Freiheit" konnte auch ein deutscher Staatsangehöriger nach seiner Haltung zu den Ideologien, um die gestritten wurde, der einen oder anderen Seite zugerechnet werden. Er war nicht automatisch – wie 1919 – ein "alien enemy". Darin liegt zweifellos eine der Grundlagen für das Wirken und auch für die Erfolge Reinhard Dohrns nach dem zweiten Weltkrieg.

Damals hatte er das Alter erreicht, in dem andere in den Ruhestand treten. Er unternahm es indessen zum zweiten Mal in seinem Leben, das Werk wiederzubeleben, das ihm der Vater hinterlassen hatte. Eine wesentliche Unterstützung haben dabei die Mitglieder des Verwaltungsrates geleistet. Der Name von Francesco Giordani wurde schon erwähnt. 1945 ist auch Luigi Califano hinzugetreten. Es ist ihrem Einfluß zuzuschreiben, daß der finanzielle Beitrag Italiens erheblich verstärkt wurde. Während dieser zwischen den beiden Weltkriegen bei 15–20% der Gesamteinnahmen lag, stieg er nun zeitweise auf über 50%, obwohl sich der Haushalt der Station während der Amtszeit Reinhard Dohrns von 3,2 Mio. Lire 1945 auf 82,5 Mio. Lire im Jahre 1954 erhöhte. Gewiß hätte Dohrn sich kaum damit einverstanden erklärt, seine Erfolge an Geldbeträgen zu messen. Es sollten auch die Arbeitstische erwähnt werden: ganze 21 im Jahre 1945, hingegen 42 im Jahre 1954, ganz zu schweigen von der Zahl der Gastforscher. Hinter diesen

Zahlen stehen die Verhandlungen mit der UNESCO, deren erster Generaldirektor, der alte Freund Julian Huxley, seinen Einfluß geltend machte, um der Station eine Starthilfe zu gewähren, stehen die Beiträge aus den Vereinigten Staaten, um die apparative Ausstattung zu vervollständigen und zu modernisieren, nicht zuletzt seitens der Rockefeller-Foundation. In all diesen Fällen spielten die internationale Achtung Reinhard Dohrns und auch sein diplomatisches Geschick eine entscheidende Rolle.

Die Hilfe aus Deutschland kam verhältnismäßig spät. Die Gründe liegen auf der Hand. Die Wirtschaftslage und auch die ganze Organisation des öffentlichen Lebens haben sich nur langsam konsolidiert. Während mehrerer Jahre schufen ein extremer Föderalismus und das Fehlen von Zentralbehörden nicht eben günstige Bedingungen. Auch nachdem 1949 der Bundesrepublik Deutschland Organe gegeben worden waren, gab es anfangs doch keine Bundeskompetenz für die wissenschaftliche Forschung. Der erste Bundespräsident, Theodor Heuss, der Biograph Anton Dohrns, hat freilich viel getan, um die deutschen Länder anzuspornen, die Beiträge wiederzubeleben, die sie oder ihre Vorgänger früher für die Station geleistet hatten. Wenn dieser Bundespräsident es auch als seine Aufgabe ansah, weitgehend als geheimer Kultusminister des Bundes zu wirken, besaß er rechtlich doch keine Zuständigkeiten, sondern konnte nur Vorschläge machen. Trotz all dieser Schwierigkeiten haben die Beiträge aus Deutschland in dem letzten Jahr, in dem Reinhard Dohrn die Station leitete, doch fast 15% der Gesamteinnahmen der Station erreicht und gingen dabei über die Beiträge hinaus, die aus allen anderen ausländischen Staaten Neapel zuflossen. Ich erinnere mich noch gut der Schwierigkeiten, die 1955 bestanden, um aus der Bundesrepublik einen angemessenen Beitrag für den Bau der neuen Bibliothek zu sichern.

Diesen Bericht mit einer Art Laudatio auf Reinhard Dohrn zu schließen, wäre kaum angebracht, nachdem schon mehrere von ihnen gehalten wurden, mit denen ich kaum zu konkurrieren vermag. An deren Stelle mag ein Wort von Luigi Califano treten, der in seiner Gedenkrede vor 18 Jahren eine überraschende Feststellung über die Zoologische Station traf: „Sie war nie eine deutsche noch eine italienische oder gar eine internationale Station.

Denn auch der Begriff ‚international' impliziert den Begriff der Nation, während die Wissenschaft keiner Nation angehört. Das gilt auch für die Zoologische Station."

Vielleicht hatte er recht. Ich will die Frage nicht aufwerfen, ob das für die Vergangenheit galt. Es mag aber ein Ausblick für die Zukunft sein.

Die Rede – Italienisch konzipiert und gehalten – ist für ein neapolitanisches Publikum bestimmt und wurde erst nachträglich ins Deutsche übersetzt. Nachweise findet der Leser in dem Buch des Autors: „Die Zoologische Station in Neapel – Modell internationaler Wissenschaftszusammenarbeit" (Vandenhoeck & Ruprecht, Göttingen und Zürich, 1980)

Arturo Palombi

Nel 1955, allorché fui invitato dal Comitato per le onoranze da tributare al Prof. Rinaldo Dohrn al compimento del suo settantacinquesimo anno di età, io partecipai con un articolo nel quale, fra l'altro, misi in evidenza l'ambiente ideale di studio che è la Stazione Zoologica di Napoli.

In questa oasi di lavoro – scrivevo – che la mente aperta e geniale del fondatore Prof. Anton Dohrn volle preparare ai biologi di tutto il mondo, lo studioso trova il massimo conforto soprattutto per la grandissima libertà che ivi gode. Questa larghezza di vedute del fondatore che Rinaldo Dohrn ha mantenuto durante il lungo periodo della sua direzione attiva e vigile, offre allo studioso autonomia di indagine e indipendenza di vedute, senza pastoie di metodi e di scuola che rende veramente piacevole e fecondo il lavoro e che andrebbe imitata. In questo ambiente io ho trascorso oltre trenta anni della mia vita e quivi ho realizzato le mie ricerche di Biologia marina e particolarmente di Parassitologia. Si spiega, quindi, il mio attaccamento a questa Istituzione alla quale non ho esitato di donare, ancora in vita, la mia raccolta di libri ed opuscoli di indole zoologica ricca di oltre quattromila numeri, frutto dello scambio delle mie pubblicazioni con quelle degli studiosi di ogni parte del mondo. La donazione da me fatta mi riporta con la mente, e soprattutto con il cuore, alla vecchia sistemazione della biblioteca ubicata in due grandi sale al primo piano dell'edificio: nella sala degli affreschi, erano collocati i libri, le miscellanee e gli schedari, mentre in quella di fronte, erano sistemati i periodici; ambedue le sale erano ricolme di volumi fino all'inverosimile e purtroppo i muri, notevolmente deteriorati, mal ne sostenevano il peso tanto da destare preoccupazioni sulla stabilità. Pertanto al dinamico figlio di Rinaldo, al dott. Pietro Dohrn, succeduto al padre nella direzione della Stazione, toccò il non lieve compito di affrontare il duplice problema dello sgombero delle due sale e della sistemazione dei libri in esse contenuti. Il problema fu risolto con la costruzione degli attuali cinque piani nei quali furono collocati, con notevole dovizia di spazio, i numerosi volumi della ricchissima e specializzata biblioteca della Stazione Zoologica.

Sono trascorsi da allora molti anni ed anche attualmente, nella mia qualità di Presidente dell'Associazione Campana degli Insegnanti di Scienze Naturali (A.C.I.S.N.), sodalizio da me fondato nel 1969, ho mantenuto stretti legami con la Stazione Zoologica accompagnando più volte i Soci a visitare l'Acquario, visita sempre gradita dai partecipanti i quali ne hanno tratto grande giovamento per la loro cultura ed il loro insegnamento. Inoltre i nostri Soci si sono ancora giovati della Stazione Zoologica quando, riuniti in assemblea all'uopo convocata, hanno ascoltato l'interessante conversazione dell'attuale direttore Prof. Alberto Monroy e di tre suoi collaboratori con lui convenuti, sugli studi e sulle ricerche che si svolgono nei laboratori della Stazione.

Oggi, la nostra Associazione, assieme alle altre consorelle di tutte le regioni d'Italia, fa parte dell'Associazione Nazionale costituita in Sorrento nello scorso anno in coincidenza col decennale del nostro sodalizio. La direzione della Stazione Zoologica volle contribuire alla riuscita del convegno donando, a tutti i convenuti, una copia della "Guida dell'Acquario" che fu molto gradita, specialmente dai soci della nostra Associazione perché potendo essi visitare gratuitamente l'Acquario, hanno la possibilità di prepararsi e quindi di illustrare proficuamente alle scolaresche, in visita gratuita, gli organismi viventi nelle vasche.

Questa liberalità della Stazione Zoologica costituisce motivo di grande apprezzamento e soddisfazione perché dimostra che l'Istituto, oltre al progresso della Scienza per il quale fu fondato, non trascura il miglioramento della cultura dei giovani. Questi benefici risultati rappresentano il frutto oltre che dell'azione geniale del fondatore Antonio Dohrn anche della tenace perseveranza del figlio Rinaldo del quale oggi celebriamo il centenario della nascita, che, per diversi decenni, resse le sorti dell'Istituto da me frequentato appunto negli anni della sua direzione. All'uno e all'altro benemerito della scienza, della cultura e della scuola vada la nostra imperitura riconoscenza.

Ernst Florey

Reinhard Dohrn and the Stazione Zoologica
A Personal Account

It is almost thirty years ago, that I met Reinhard Dohrn for the first time. I was a student then with a dream of discovering the wonders of life in the ocean, and with the imminent goal in mind of doing experiments for my thesis which was concerned with the mechanism of action of drugs known to cause convulsions in man and suspected to be inhibitors of transmitter-inactivating enzymes at central nervous system synapses. I came with a letter of recommendation of the chairman of the Zoology department at which I did my graduate work, Professor Karl von Frisch, who was well acquainted with Reinhard Dohrn, – so well that he could simply write: "See whether you can help him".

Those were hard times. It was five years after the great war, money was scarce. Only three years before everybody had started from 'point zero'. Still, I was provided with a government travel grant, – just enough to pay a third class train fare to Naples and back, a journey which then took 32 hours of sitting on a wooden bench, travelling through the exhilarating landscapes of Italy, passing from one railroad station to another, all called 'Cinzano' (how was I to know that this was an advertisement for a well known aperitif!). – I have no recollection of how I got to the Stazione Zoologica, – I presume I took a taxi. The weather was marvellous and the view of the splendid building was breathtaking. Here was a temple of zoology, an architectonic marvel, everywhere displaying unmistakable zoological symbols and emblems, set in a wonderful southern-mediterranean park with its characteristic mixture of timeless antique-classic splendor and age-old negligence. – I hesitantly approached the ticket office of the Aquarium and was greeted in a most friendly manner by a man named Angelo who directed me to the secretariat where I was received by that most remarkable of all secretaries, Miss Hartmann. If Reinhard Dohrn, the director, was the spirit of the Stazione Zoologica, Miss Hartmann was its soul. It was she who introduced the newcomer to Naples, she arranged for his living quarters, she told him where he would find a pizzeria or trattoria that would suit his purse, advised him what medicines to take should a well known malady befall him, and it was she who introduced the guest to the Director.

Reinhard Dohrn received me in his office, we shook hands, he looked me in the eyes in his fatherly way and asked me what precisely it was that I had come to Naples for. I tried to explain and had the strange feeling that, perhaps, I was talking to uncomprehending ears. What I said was simply taken in without comment. Dohrn's face seemed to be watching, observing and assessing. We did not sit down. Finally, he simply told me to follow him. We went down the stairs to see the same man, Angelo, at the cassa, and I listened uncomprehendingly as Reinhard Dohrn asked how much money was in the till. It seemed to be a sizeable sum. He took forty thousand lire, – four ten thousand lire notes, signed a paper and telephoned his business administrator. When this gentleman appeared, I was introduced to him and he was told that I would be given this sum as a stipend, but that he should put each note in a separate envelope. – I was only to be given one at a time at intervals not shorter than a week. Reinhard Dohrn admonished me that this was the only way that would prevent my spending the entire sum already during the first days. It did not occur to me to question his wisdom; I was too astonished by the procedure and this marvellous institution. – And then came another act, no less important and no less typical of Reinhard Dohrn: I was shown to my laboratory bench and introduced to the two scientists who were already working in the same room: Z.M. Bacq, the Belgian pharmacologist, and Francesco Ghiretti (now professor of General Physiology at the University of Padova) who was then acting as his assistant. It was not a room assignment forced by lack of other laboratory accommodation. Reinhard Dohrn simply thought that I was not ready to work in a laboratory all by myself, – and in his fatherly wisdom he told me: "See what you can learn from these two." Did he know how much I yet needed to learn? I certainly was not aware of it, being filled with that youthful conviction that, given the right opportunity to do experiments, the world would unfold and I would march from result to result until, finally, the problem I had set for myself, would be solved and I could start to write my thesis. I will never forget the day when I received my first squid and desperately tried to locate its heart which I wanted to cannulate and perfuse with my drug solutions: after he had observed me for a while, Ghiretti, now affectionately called Ghiro, came to my side and without saying a word he turned the animal over on its back and dissected it for me. – And I still hear the shouts of joy which Bacq emitted every time he elicited a particularly striking response from the isolated salivary glands of an octopus to which he applied various adrenaline-like agents.

Meals were taken jointly in the Mensa. Reinhard Dohrn presided, and somehow I am convinced that he even arranged the seating order. It was there that I met many scientists and formed friendships which last to this day: Sven Dijkgraf from Utrecht, Wulf Emmo Ankel from Darmstadt, L.B. Holthuis from Leiden, David Carlisle from Plymouth, or later men like John Welsh from Harvard. Some have already left us – Hermann Rein of Göttingen, Ernst Scharrer of Denver, Masashi Enami of Tokyo, Sir Francis Knowles of London – names, times and occasions become blurred with the passage of time but the impression remains strong and luminous: the Stazione Zoologica was indeed a congress of scholars, presided over by the paternal figure of Reinhard Dohrn; who, in his aristocratic manner guided fates and arranged, in his way, the course of biological science. – I said that he guided fates: for this I know no better example than that of the great neuroanatomist J.C. Alexandrowicz, who during the last years of his life worked at the Marine Laboratory of the United Kingdom at Plymouth, England. For many decades he had been a visiting guest of the Stazione Zoologica. In 1937 he became undersecretary of state in the Polish ministry of education. When war broke out he entered the Polish military medical corps. After the defeat and division of Poland Alexandrowicz was taken prisoner by the Russians and sent to a concentration camp. Later he was sent with a Polish expeditionary force, the Anders Army, to North Africa to help the British to defeat the Germans. His contingent (in which he served as educational officer) never saw action. The war ended, the force was disbanded and Alexandrowicz was taken to England to become a farm laborer. It was Reinhard Dohrn who traced him with the aid of the Red Cross, and, through his connections with members of the Royal Society, set in motion those events which, eventually, established a special position for Alexandrowicz at the Plymouth Marine Laboratory. Recalled to science, he now embarked with new vigour on a line of research which gave us one of the most useful preparations used in modern neurophysiology, the crustacean stretchreceptor organs. Research made possible by his findings led, among others, to the discovery of a new transmitter substance, gamma-aminobutyric acid (GABA) and of a new type of nerve cell, the nonspiking neurons.

A few years ago, Z.M. Bacq asked me to write the chapter of Comparative Pharmacology for his now well known text "Fundamentals of Biochemical Pharmacology". I was so pleased because it was a scientific home-coming after a long journey which began at the Stazione Zoologica.

The era of Reinhard Dohrn has passed. Many of us dream of a return of the golden times – but we must all realize that unlike history, science does not repeat itself. It develops and evolves at an ever increasing pace and on an ever expanding scale. What Reinhard Dohrn was able to give us and what he has given Biology came out of his passionate devotion to the ideals of science and civilization but it was made possible by the conditions of science as they prevailed during the era of his directorship.

The winds of change passed through the Stazione Zoologica as they passed through any other scientific institution in the world. When Pietro Dohrn took over the directorship from his father, this wind began to gather strength and it brought dramatic changes everywhere: the political landscape changed, and, every ten years the number of scientists doubled – for 1000 biologists in 1950 there are now 8000. But roughly every five and a half years the costs of research have doubled. This means that the cost of research per scientist has just about doubled every ten years: what cost 1000 dollars in 1950 now costs 8000 dollars – and more if we include the costs of inflation. In 1950 biologists were still satisfied with simple research space, – 1980 it is most uncommon that a research worker needs simply some bench space. Unless he has at his disposal sophisticated equipment, the modern biologist generally does not – and cannot – begin to experiment. Pietro Dohrn bravely fought on. His accomplishments were remarkable: during his directorship the laboratories hummed with activity. In 1960 there were no less than 224 research guests, 57 alone from Germany, working in the various research rooms of the Stazione. A new library wing was added, international symposia were introduced into the life of the Station and a vigorous campaign brought in ample funds for much needed renovation and expansion of research facilities and equipment. But the pace became too rapid, and the political changes became too dominant, even for the dynamic personality of Pietro Dohrn. In 1967 the valiant ship of the Stazione Zoologica foundered on the rocks of internal conflict.

Science has become BIG SCIENCE just like business has become BIG BUSINESS – and the little institution at Naples finally became part of a national science administration. Somehow, the first commissario straordinario, Professor Pantaleo, appreciated the spirit of the old Stazione Zoologica; he also recognized the need for a new administrative structure, and the need for a sound financial basis, – something which infact the Stazione Zoologica never had! It was Reinhard Dohrn's quiet persuasion and Pietro Dohrn's imaginative coercion that again and again had brought outside agencies to the rescue. Now a new organizational scheme had to be found, and it took years until finally, in 1976 a new scientific director could be elected and appointed. In a most laudable effort he set out to re-establish the old international ties, only to first encounter polite reservation and hesitation. It must have been a sobering experience which only a strong personality can cope with. As a scientist, Alberto Monroy is widely known and respected. He knows where modern biology has moved to and he has set his priorities: experimental Biology cannot be served unless it is provided with modern – and that is expensive – laboratory facilities. And such facilities require experienced scientific staff – and they require increased and secure funding.

Some of us who enjoy the privilege of being able to utilize the research facilities of the Stazione Zoologica have often been impatient with the hesitant way in which the international scientific community was encouraged by the administration of the Stazione Zoologica to flock back to the Stazione. In 1978 there were only 48 scientific guests from countries outside Italy (in 1960 there were 130). Many of us have been disturbed by the dark ways of local politics which made it rather difficult to discern lines of command and policy. And yet, I do not know of anyone who has come to the Stazione Zoologica as a guest who did not receive the most friendly support of director and staff and who did not, in the end, find his time there uniquely well spent. When difficulties did arise, they were caused by severe crises brought on by an acute lack of funds.

Financial and political crises have accompanied the Stazione Zoologica throughout its century-old existence. The Italian government has taken over more and more of the burden of financially supporting this prestigious institution. Those of us who come as guests admire the responsible way in which the Italian government has continued to recognize the uniquely private and international character of the Stazione Zoologica, which still continues to be of eminent service to the international scientific community by providing its guests with three essential services: a unique animal supply system, a marvellous library, and modern research facilities.

Why, it may well be asked, do biologists want to come and work at the Stazione Zoologica when they have perfectly good laboratories in their home institutions? What is it that the Stazione has to offer? The answer is important because it is the justification for the continued support which this institution must receive: the Stazione Zoologica is situated on the ocean shore in a faunistically rich region of the Mediterranean Sea; it provides collecting and holding facilities for marine organisms which may well be superior to any in the world – including the famous Marine Laboratory of Woods Hole on the American east coast.

Furthermore, the Stazione Zoologica offers the facilities of one of the most important biological libraries of the world which is just a few steps away from the research laboratories – a singularly useful condition for advanced research. But are these already sufficient reasons to support such an institution? Indeed they are: Marine organisms offer a greater diversity than do animals which inhabit the land or fresh-water. Probably 99% of all biological research laboratories are 'land-locked', they are inland institutions, and research there, by necessity, is restricted to the standard laboratory animals such as the rat, the mouse, the cat, the guinea pig or the frog. A look at the history of the great discoveries in biology shows convincingly how important have been marine organisms in furthering our knowledge: eyes of clams, tunicates and horseshoe crab led to the discovery of the fundamental processes of vision: the giant nerve fibers of squid provided knowledge of the nature of the nerve impulse; the study of sea urchin eggs led to the discovery of the processes involved in cell division and fertilization and of the mechanisms of embryonic development. Studies of marine snails and octopus have led to the discovery of fundamental processes of brain function which have given first glimpses into the mechanisms underlying behaviour, learning and memory.

Research workers come to the Stazione Zoologica in order to explore the possibilities of new organ systems which only the sea can provide. It is here that pioneering discoveries can be made which are the basis for further investigation at the better equipped laboratories in the home institutions. The publications resulting from work done at the Stazione Zoologica demonstrate an unparalleled yield of information and fundamental discoveries.

These facts alone would be sufficient reason to support the Stazione Zoologica. But there is more: the sea is the most powerful ecological factor of our planet. Its oxygen production – due to living plants – by far surpasses that of the continents, and its animal life will provide the main staple of food for an ever growing and ever more hungry world population. The Mediterranean Sea is threatened by ecological disaster and will be a dead sea within a few years unless the Mediterranean countries jointly take measures to ensure a reversal of the current trend towards an ecological catastrophe. It would be a mistake to transform the Stazione Zoologica into an ecological monitoring or policing center, just as it would be a fundamental mistake to transform any cell biology laboratory into a clinic for cancer patients. But the Stazione Zoologica already is a research center at which fundamental ecological research can be carried out and, undoubtedly, it will continue to serve in this function – its singular library and animal records provide an inestimable resource for all kinds of applied ecological research and there can be little doubt that the Stazione Zoologica can serve as a focal point for any program of Mediterranean ecology, present and future.

These are objectively measurable scientific reasons why the Stazione Zoologica must continue to receive support not only from the Italian government but from other countries as well. The importance of the Stazione Zoologica, however, cannot be measured by the purely scientific-utilitarian aspects. The importance of the Stazione Zoologica goes far beyond this: it is famous for its humanistic values, for its atmosphere as a truly European cultural institution and for its intellectual climate. Its architecture, Marées' frescoes, and even its geographic position in the heart of Naples where it looks out over the Mediterranean Sea are representative of its character and its unique history.

The Deutsche Forschungsgemeinschaft is conscious of the extraordinary significance of the Stazione Zoologica and will continue its share of support of this institution beyond the obligatory rental of research laboratory space. I have been asked to transmit on this occasion of the 100th birthday of Reinhard Dohrn the best wishes for a bright future and renewed vigor of the Stazione Zoologica to which Reinhard Dohrn had devoted his life.

The Stazione Zoologica has quietly moved into its second century; let us hope that this marvellous institution, with the support of the Italian government and with the added help from other countries can once again flourish as an independent and truly international focal point of marine biology in the service of mankind.

Prof. Florey attended the celebration as a representative of the *Deutsche Forschungsgemeinschaft*

Klaus Dohrn

Lo Zio Rinaldo

Nel centenario della sua nascita ricordiamo con rinnovata ammirazione Reinhard (Rinaldo) Dohrn che nella prima metà del nostro secolo fu saggio custode dell'opera paterna, la Stazione Zoologica di Napoli. Egli mantenne e perfezionò, superando diverse vicissitudini, la concezione di base sull'organizzazione e la struttura scientifica di questo centro delle scienze così singolare al tempo della sua fondazione, come pure la componente umanistica, inseparabile da questa concezione.

Diversamente da suo padre Anton, Reinhard non era una natura combattiva, tuttavia sapeva lottare per la sua causa. Ma come gli Dei di Omero stavano invisibili accanto ai loro prediletti, così un fato presago aveva donato a questo Reinhard proprio quelle doti che lo accompagnarono, proteggendolo come le sue migliori armi, lungo il cammino della sua vita sempre in pericolo.

Con gli occhi della nostra coscienza vediamo la grande, nobile figura di Reinhard, il suo viso aristocratico, il suo sguardo intenso e caldo. Sentiamo la sua voce amorevole. La sua indole era dolce, prudente e pacata. Possedeva la capacità di ascoltare e l'arte di una conversazione stimolante ed originale.

Privo di ogni vanità personale egli possedeva una naturale dignità. Era fermo nelle sue convinzioni, fedele nelle sue amicizie. Non si fermò mai nella sua evoluzione individuale, bensì fu sempre aperto alle innovazioni fino alla fine della sua vita, e cosi, nonostante le sofferenze dei suoi ultimi giorni, non diventò mai vecchio di spirito. Il dott. Samuel Johnson, il saggio inglese del

18. secolo, disse: "Chi lungo il cammino della sua vita non stringe sempre nuove conoscenze, si troverà presto solo ed abbandonato. Si dovrebbe rinnovare sempre il proprio cerchio di amicizie." Non so se Reinhard conoscesse questa frase. Tuttavia egli ha vissuto come se la conoscesse. Era – secondo una tradizione di famiglia che egli ereditò – un instancabile corrispondente, incessantemente impegnato, con la sua elegante scrittura, a coltivare le sue amicizie, i suoi innumerevoli contatti personali in tutto il mondo.

Con un felice senso dello humor egli sapeva divertirsi in egual misura su arguzie napoletane, bavaresi o inglesi. La musica era per lui – di nuovo un'eredità della sua famiglia – un'esigenza vitale. Molti grandi musicisti del suo tempo erano assidui ospiti di casa Dohrn, senza dimenticare gli splendidi cori dei cosacchi russi. E se si coglie il vero nel dire che la Stazione Zoologica si poteva considerare un congresso zoologico-biologico sempre in atto, questo lo si deve al fatto che la Stazione, grazie alla personalità di Reinhard con la sua cornice di interessi spirituali e musicali voleva essere, ed è realmente stata, molto di più di un semplice istituto specializzato nelle ricerche di scienze naturali.

Nato a Napoli, la città dove egli passò la sua vita e che amò come i napoletani, cittadino onorario della sua città natale, morto a Roma, figlio di padre tedesco e di madre polacca, educato poliglotta nell'atmosfera cosmopolita della sua famiglia, egli fu immune verso tentazioni nazionalistiche, espressione di un mondo europeo. Per molti anni agì, con coraggio civile e maestrìa diplomatica in modo tale da tenere lontano la Stazione Zoologica da qualsiasi influenza fascista e nazionalsocialista.

Nella sua personalità confluivano orgoglio riservato ed esemplare modestia personale. Egli che aveva il dono raro dello charme maschile, esercitava un fascino particolare che – ignoto a lui stesso – nelle varie fasi della sua lunga vita lo aiutò in maniera decisiva nel superare molti ostacoli pericolosi. Egli ha sempre identificato, e vissuto di conseguenza, la sua vita con il destino della Stazione.

La Stazione Zoologica è sorta a Napoli nel 19. secolo, un mondo ormai lontano e diverso dal nostro. La sua idea fondamentale, la grande, originale concezione di Anton Dohrn che precorreva di decenni l'organizzazione scientifica del suo tempo, consisteva nell'offrire ad una ricerca legata ancora allo studio limitato del singolo, le ampie possibilità di un istituto riccamente dotato di attrezzature e di personale. Questo istituto che egli fondò in un luogo ideale, nei pressi di un mare caldo ed in un paesaggio ricco di storia, offriva contemporaneamente le premesse per un fruttuoso lavoro scientifico d'equipe e per un reciproco impulso spirituale degli scienziati che lavoravano alla Stazione.

Sappiamo come fu lunga e difficile la sua lotta contro le resistenze aperte e celate che si opposero alla realizzazione della sua idea, che risuonava così semplice e che oggi è diventata ovvia, sia a Napoli, in Italia, che nella sua stessa patria, la Germania. E noi ricordiamo che queste resistenze in fondo hanno consumato le forze di una natura così salda come quella di Anton Dohrn.

L'Europa del 19. secolo, carica di tensione politica nel suo andamento, possedeva ancora alcune preziose comunanze e libertà che sono tramontate con essa. C'erano ancora le relazioni sopranazionali delle vecchie famiglie di una aristocrazia europea con influenza politica. C'era ancora una comunità europea di persone colte, di artisti ed eruditi, non divisi da alcuna ideologia; c'era ancora la fonte, oggi quasi essiccata, del mecenatismo privato. Si viaggiava ancora liberi per tutta l'Europa, senza passaporto e senza visto, e, cosa assai importante per la vita materiale della Stazione Zoologica basata sulla cooperazione internazionale, c'era ancora la libera circolazione del denaro e del capitale oltre le frontiere. Lo stato stesso aveva appena iniziato ad assumere il suo ruolo di mecenate o, per dirla in maniera più cortese, lo stato o le organizzazioni pubbliche non avevano ancora da soli l'intero peso della promozione e del finanziamento della ricerca scientifica. In questo mondo del 19. secolo Anton Dohrn fondò la Stazione e ne fece un luogo importante, uno strumento vivo della ricerca scientifica internazionale.

Reinhard era destinato a condurre la Stazione durante i sovvertimenti e le catastrofi del nostro secolo. Egli risolse questo compito che diventò il compito della sua vita, in modo ammirevole. Il suo nome verrà sempre onorato nella storia della Stazione Zoologica come colui che ne custodì la concezione e ne garantì l'esistenza materiale. Reinhard dovette superare non solo l'impoverimento dei suoi nuovo mecenati, i governi ed i loro organi, l'estinzione del mecenatismo privato, l'infiltrazione nazionalistica nel l'etica individuale e nella scienza, ma dovette superare anche gli ostacoli della circolazione monetaria internazionale, della svalutazione, delle proprie perdite patrimoniali, ed infine il sovvertimento più importante per le condizioni vitali della sua Stazione, cioè la burocratizzazione della politica scientifica nel mondo odierno.

In questo mondo radicalmente mutato fu merito preminente di Reinhard l'aver nuovamente intrecciato con avvedutezza, con fine senso psicologico e infinita pazienza, la lacerata rete mondiale dei contatti personali e delle risorse materiali di importanza fondamentale per l'esistenza della Stazione. Egli completò questa opera due volte, dapprima dopo la prima guerra mondiale, poi per una seconda volta dopo la guerra hitleriana. A renderlo capace di questa azione così grandiosa, se osservata in retrospettiva, fu soprattutto la straordinaria carica di fiducia di cui egli disponeva e che sapeva impiegare con il suo tatto singolare.

Sappiamo che esiste una tendenza che vuole declassare la funzione della Stazione Zoologica al tempo di Anton, Reinhard e Peter Dohrn a quella di un albergo internazionale con scopi scientifici. In questa occasione non vogliamo discutere su questo tema. Dobbiamo ricordare tuttavia che la Stazione ha acquistato fama internazionale nel suo ruolo centenario di organizzazione internazionale al servizio della scienza. E abbiamo esperito che la sua immagine ha perso di splendore non appena non ha più avuto il ruolo di un tempo che le era riconosciuto nel mondo scientifico.

Reinhard era seriamente consapevole dei molti pericoli che minacciavano la continuazione della Stazione nell'avvicendarsi dei tempi. Se noi, suoi amici ed ammiratori, lo ricordiamo con profondo rispetto, siamo anche lieti che egli non debba più confrontarsi con i problemi esistenziali della generazione presente. Tuttavia, se egli fosse ancora tra noi, incoraggerebbe certamente tutti coloro che si preoccupano della continuazione della Stazione a sperare in un futuro migliore della stessa. E'una grande fortuna che le Autorità di Napoli, di questa antichissima metropoli europea, provino un vivace e costruttivo interesse per le attuali preoccupazioni della Stazione.

JEAN ROCHE

Mesdames, Messieurs,

qu'il me soit permis, avant de nous séparer, de remercier tous ceux qui sont venus, si nombreux, se recueillir dans le souvenir de Rinaldo Dohrn. Monsieur le Préfet de Naples nous a apporté le plus significatif des témoignages de fidélité à celui dont l'exemple demeure vivant et qui nous a laissé la charge de réaliser ses espoirs généreux.

Si remarquables que soient les œuvres accomplies par les hommes, elles deviennent rapidement prisonnières de l'évolution à laquelle elles contribuent. Elles deviennent de ce fait, impersonnelles et en quelque sorte anonymes car les réussites qu'elles traduisent les font entrer dans le domaine public. Tel a été le cas de ce qu'a réalisé Rinaldo Dohrn en maintenant la Stazione Zoologica dans son rôle international pendant une longue période où les sciences biologiques se sont developpées à partir des sciences naturelles et de l'expérimentation biologique. Aussi est-ce avant tout sur une brève évocation des hautes vertus humaines qui ont animé la personnalité de Rinaldo Dohrn que je voudrais terminer ce propos.

Il a su, en toute circonstance, les mettre au service de la science, avec un sens de la solidarité humaine qui n'a jamais été en défaut. Il émanait de lui un sentiment de la vérité dans la conception de ses devoirs autant que dans son contact avec les plus éminents comme avec les plus modestes de tous ceux qui l'approchaient. C'est par son honnêteté intellectuelle sans défaut et par sa volonté permanente de servir la fraternité humaine par la science que Rinaldo Dohrn doit demeurer le Maître à penser des générations auxquelles nous avons voulu transmettre son souvenir.

Briefe und Veröffentlichungen

Elena Croce

Lettera ad Antonietta e Pietro Dohrn

Roma, 15/II/1980

Carissimi Antonietta e Pietro,

La ricorrenza del centenario della nascita di Vostro Padre – una figura che rimane nella mia memoria come una delle più dotate di dignità e grazia che io abbia incontrato – rimuove in me molti ricordi pieni di fascino e di malinconia. Ancora mi pare impossibile che una costruzione recente sostituisca quella casa romantica coperta di glicini con quegli interni che sembravano scene da romanzo tolstoiano – anche perché da un romanzo tolstoiano sembravano uscite le figure luminose di Vostro padre e di Vostra madre – e al tempo stesso l'atmosfera era così internazionale nel senso più educato della parola. Persone di ogni nazionalità familiarizzavano in quel giardino, e in quella sala col pianoforte, dove ricordo di essere entrata una volta tra severi zittii di persone che stavano immobili nell'ombra, perché uno dei più grandi pianisti di quei giorni vi stava lavorando a fare i suoi esercizi prima del concerto.

Come chiunque che si occupi di difesa dell'ambiente monumentale e culturale, io mi auguro che in questa occasione si sottolinei il grande significato europeo non solo dell'istituzione del l'Acquario, ma del suo stile. Lo stile modesto ed aristocratico di un'istituzione pioniera di un tipo di collaborazione che poteva essere promossa solo da una grande personalità animatrice come è stata quella del fondatore Anton Dohrn, e sarebbe stata consolidata da Rinaldo Dohrn con quel suo raro talento organizzativo e diplomatico.

Mi auguro anche che questa ricorrenza porti all'attenzione la necessità di illustrare meglio per il pubblico dei non iniziati lo *stile* ormai storico che fa dell'Acquario anche un museo di cultura ed arte ottocentesca internazionale, per non parlare della biblioteca, che Napoli, facendo anche quegli itinerarii turistici più culturali che ormai si impongono dovunque, dovrebbe mettere ampiamente in luce come una grande attività per i visitatori.

Scusatemi infine una piccola pedanteria di ordine (perché ognuno di noi ha i suoi limiti professionali) letterario. E cioè sono rimasta immensamente stupita leggendo occasionalmente che il termine impiegato da mio Padre a proposito dell'Acquario di "albergo per scienziati" sia stato inteso con tale primitivistica letterarietà. E' possibile che tra generazioni che hanno pur sempre studiato il latino si possa essere persa la nozione (ma è vero che questa appartiene piuttosto alla letteratura) che albergo è una delle parole più squisitamente umanistiche, usata dai nostri classici in senso profondamente spirituale e praticamente niente affatto materiale.

Abbiatemi cari Pietro e Antonietta, commossa in questi comuni cari ricordi, vostra vecchia amica,

Elena Croce

Graziella Granà

Rinaldo Dohrn e la Stazione Zoologica di Napoli

Napoli – Villa Pignatelli, 13 marzo 1980

Autorità, scienziati, accademici, ricercatori, amici, riuniti intorno ad Antonietta, Pietro e Amarilli Dohrn per celebrare il centesimo anniversario della nascita del padre Rinaldo, avvenuta appunto il 13 marzo 1880.

E' difficile oggi, in epoca di dissacrazione, commemorare una persona senza farne l'apologia, senza cadere nella retorica, salvaguardando purtuttavia la verità perseguita per la vita intera.

Rinaldo Dohrn nasce a Napoli, terzogenito del grande Anton e di Maria Baranowska. L'educazione che riceve nella casa paterna, aperta a scienziati, artisti, poeti, musicisti, lo forma ad un concetto di intelligenza, di amore dell'arte, di gentilezza, di signorilità.

Si laurea in scienze naturali a Marburgo nel 1904 e nello stesso anno entra come assistente alla Stazione Zoologica, prescelto dal padre – perché il più idoneo – a succedergli nella direzione, alla sua morte nel 1909. Nel 1915 Rinaldo Dohrn, all'entrata in guerra dell'Italia contro l'Austria, è costretto ad abbandonare Napoli ed a rifugiarsi a Zurigo, ospite del locale Museo di Zoologia.

A Napoli, intanto, la Stazione Zoologica passa dalla direzione di uno stretto collaboratore di Rinaldo Dohrn, il prof. Federico Raffaele, a quella del prof. Saverio Monticelli dell'Università di Napoli, per venire in seguito trasformata, con decreto legge, in Ente morale sotto la vigilanza del Ministero della Pubblica Istruzione. La Stazione Zoologica – dibattuta fra i nazionalisti italiani che si oppongono alla sua restituzione all'amministrazione privata pre-bellica, e quelli tedeschi che vogliono farne un istituto del Reich – sta morendo.

La lungimiranza del suo fondatore che aveva tenacemente combattuto per un netto distacco fra scienza e stato, fra scienza e politica, fra scienza e fazioni, si rivelava esatta, allora come oggi.

Benedetto Croce, divenuto Ministro della Pubblica Istruzione nel 1920, ottiene dalle Camere l'abrogazione del decreto emanato durante la guerra e la restituzione della Stazione Zoologica al suo proprietario Rinaldo Dohrn. Il Comune di Napoli si oppone e fa occupare la Stazione dagli studenti.

Riluttante a dibattere in tribunale una vertenza che era più scientifica che giuridica, Rinaldo Dohrn deve a malincuore adire le vie legali; le quali si stanno volgendo a suo favore, allorché Mussolini preso il potere nel 1922, dichiara che la Stazione Zoologica rimane Ente morale italiano, ammettendo Rinaldo Dohrn nel Consiglio di Amministrazione, con la carica di Amministratore Delegato e Direttore.

Il lavoro di paziente stratega, di oculato amministratore, i legami di amicizia e di stima che legano Rinaldo Dohrn a scienziati italiani e stranieri, gli permettono di riallacciare i rapporti con Inglesi, Tedeschi, Sovietici, Polacchi, grazie anche al generoso aiuto della Rockefeller Foundation.

La Stazione Zoologica torna – almeno nello spirito – alla sua peculiarità principale, torna ad essere *internazionale.*

I tempi peggiorano – siamo nel 1933 – e la mediazione di Rinaldo Dohrn si fa sempre più difficile: deve negare, ufficialmente, aiuto ad uno scienziato tedesco perseguitato per motivi razziali – per non compromettere la Stazione Zoologica – mentre in silenzio ne aiuta molti altri, ospitandoli nell'istituto ed aiutandoli ad emigrare, con il contributo che la Rockefeller Foundation gli elargisce *ad personam.* Solo recentemente si saprà che tale contributo raggiunse la cifra di 25.000 dollari.

Con l'avvento della Seconda Guerra Mondiale, la Stazione Zoologica viene abbandonata, la biblioteca – forte di 50.000 volumi – evacuata e Rinaldo Dohrn deve lasciare Napoli e rifugiarsi a Sorrento: la sua casa, colpita dalle bombe, non esiste più.

Con l'occupazione alleata, anche la Stazione Zoologica subisce un severo controllo da parte dell'amministrazione americana che, pur al corrente della considerevole partecipazione finanziaria della Germania durante la guerra, rispetta la riapertura dell'istituto, che fortunatamente non ha subito che lievi danni. Il Governo alleato non solo lascia Rinaldo Dohrn – cittadino tedesco, "nemico" di ieri – alla direzione della Stazione Zoologica, ma qualche mese più tardi gli farà pervenire una forte somma stanziata dalla Royal Society di Londra per la ripresa scientifica della Stazione Zoologica. Arriviamo al 1945 e con la fine delle ostilità riprendono ad affluire i ricercatori – e quindi le sovvenzioni – da Italia, Germania, Stati Uniti, Inghilterra, Francia, Svizzera, Belgio, Olanda, Svezia, Norvegia, Danimarca, dal nuovo stato di Israele e dal Giappone.

La Stazione Zoologica riprende appieno la sua attività, grazie all'opera instancabile, tenace, intelligente, onesta, "neutrale" di Rinaldo Dohrn.

Rinaldo Dohrn muore a Roma il 14 dicembre 1962.

La Stazione Zoologica di biologia marina – istituto scientifico che ha per scopo lo studio della fauna e della flora marina – nasce nella mente di Anton Dohrn, padre di Rinaldo, durante un viaggio in Italia. Laureato in zoologia e quindi conscio che lo studio di questa branca richiede grandi mezzi che possono essere dati dallo stato e da grandi organismi privati, egli sogna da tempo di realizzare un istituto ove offrire ai ricercatori laboratorii, biblioteca, strumenti. Viene in Italia, a Messina, nel 1868, ma grosse difficoltà iniziali spostano la concretizzazione del suo progetto a Napoli.

Non senza lunghe e difficili trattative ottiene dal Comune di Napoli un terreno all'interno della Villa Reale, sul mare, e parte con fondi paterni e parte con aiuti di privati ed amici, dà inizio ai lavori nel marzo del 1872. Un anno e mezzo più tardi la Stazione Zoologica è una realtà. In essa i ricercatori hanno a disposizione dei "tavoli" di studio completi di tutti gli strumenti necessari, la fauna del ricco golfo di Napoli e l'assistenza di valenti tecnici.

Parallelamente la Stazione Zoologica offre ai visitatori un Acquario di alto interesse per tutte le specie marine esposte.

Il supporto finanziario alla Stazione Zoologica deriva dai "tavoli" locati dai vari Paesi per i proprii ricercatori, dai visitatori dell'Acquario, da fondi di privati, – che il suo fondatore promuove instancabilmente in Europa come in America – dalla vendita di animali marini conservati a musei, collezionisti, istituti.

Nella sua lunga storia di 109 anni la Stazione Zoologica – che fu la prima ad indirizzare le sue ricerche verso la dimostrazione della validità delle teorie di Darwin – si è aperta a studi di fisiologia, chimica fisiologica e fisica, botanica, patologia, batteriologia ed immunologia sugli esseri viventi del mare.

Ha ospitato scienziati come Robert Koch, Emil Fischer, Paul Ehrlich, e ancora Il'ja Il'ic Metschnikoff, Oskar Hertwig, Theodor Boveri, Edmund B. Wilson, Thomas H. Morgan, Fritjof Nansen, e più recentemente James D. Watson e Maurice H.F. Wilkins[1].

La Stazione Zoologica è passata attraverso due guerre mondiali, è servita ad esempio e modello alle altre centinaia di laboratorii sparsi nel mondo, ha subito mutamenti e seguito indirizzi nuovi, ha vissuto glorie e crisi. Se noi oggi permettiamo che giochi di potere, negligenza di Enti, indifferenza di tutti la mettano in ginocchio, saremo individualmente e collettivamente *tutti* responsabili.

Gli interventi dei relatori, dotti e dettagliati, hanno messo in rilievo – nel commemorare Rinaldo Dohrn – una caratteristica della sua personalità.

Il prof. Jean Roche – ex-rettore della Sorbona di Parigi – ha parlato di "precursore" del pensiero europeo, di "servitore" della scienza, di "esempio" di umanità.

L'Assessore Calì – a nome del Sindaco di Napoli, Maurizio Valenzi, – ha portato il saluto della città e ha ricordato la figura dell'illustre concittadino onorario.

Il prof. Alberto Monroy – attuale Direttore della Stazione Zoologica – ha letto i messaggi di personalità, ambasciatori, enti, istituti, scienziati che in Italia e all'estero onorano la memoria di Rinaldo Dohrn.

Il prof. Schwarzkopf – Presidente della Società Zoologica tedesca – ha rievocato i suoi trascorsi di studente e di ufficiale vissuti prima, durante e dopo la guerra.

Il prof. Maurice H.F. Wilkins – Delegato della Royal Society di Londra – ha ricordato il senso dell'universo che Rinaldo Dohrn cercava negli esseri umani, la sua rinuncia alla ricerca scientifica per dedicarsi alla guida della Stazione Zoologica, la tolleranza e l'armonia che l'hanno accompagnato per tutta la vita.

Il prof. L. Mendìa – Vice Presidente del Consiglio di Amministrazione della Stazione Zoologica – ha letto una relazione del prof. W.E. Ankel, che traccia un parallelo fra Rinaldo Dohrn e F. Nansen, considerandoli due modelli del pensiero europeo.

Il prof. G. Salvatore – ordinario di patologia generale nell'Università di Napoli – ha letto un messagio del prof. E. Ciaranfi (Patologo Generale all'Università Statale di Milano, oggi a riposo) che riconosce a Rinaldo Dohrn il merito di aver "capito" l'importanza della ricerca biomedica accanto a quella zoologica; ha rammentato gli studi presso la Stazione Zoologica di Robert Koch per contrastare le gravi epidemie di colera che colpivano soprattutto le popolazioni povere del sud; ha sottolineato l'ambiente umano, forse irripetibile, creato dall'opera intelligente e discreta di Rinaldo Dohrn.

Il prof. S. Ranzi – Professore Emerito di Zoologia all'Università Statale di Milano – ha detto testualmente che Rinaldo Dohrn era un "signore", di animo fine, appassionato di musica, profondo conoscitore d'arte, rispettoso della personalità altrui; conscio di essere il figlio di un genio, si considerava un "conservatore" del l'opera paterna, di cui fu un oculato amministratore.

Il prof. K.J. Partsch – ex-Rettore dell'Università di Bonn – ha parlato dello spirito di adattamento di Rinaldo Dohrn di fronte ai gravi problemi esistenti fra il Paese di origine e quello di residenza tra le due guerre mondiali; di tradizione liberale, Rinaldo Dohrn non si immischiò mai nella politica interna italiana; scienziato che lavorava fra scienziati, considerava la scienza al di sopra ed al di fuori della politica ed è questo il concetto sul quale ha basato sempre la sua opera di amministratore.

Il prof. A. Palombi – valente Parassitologo e Presidente del l'Associazione Campana degli insegnanti di scienze naturali – ha ricordato che Rinaldo Dohrn aveva fatto della Stazione Zoologica un'oasi di lavoro, per l'autonomia di indagine e di vedute, ove i ricercatori erano liberi da pastoie di metodi e di scuole.

Il prof. E. Florey – Delegato del Consiglio delle Ricerche della Repubblica Federale Tedesca – ha rinunciato, molto modestamente al suo intervento, dichiarando che chi l'aveva preceduto aveva detto più e meglio di quanto avrebbe saputo egli stesso.

Il prof. Klaus Dohrn – nipote di Rinaldo Dohrn – ha parlato a nome della famiglia, tracciando un quadro intimo di Rinaldo Dohrn.

Bene ha scritto Elena Croce in un messaggio ai familiari di Rinaldo Dohrn: "Come chiunque si occupi di difesa dell'ambiente monumentale e culturale, io mi auguro che in questa occasione si sottolinei il grande significato europeo non solo dell'istituzione dell'Acquario, ma del suo stile. Lo stile modesto ed aristocratico di un'istituzione pioniera di un tipo di collaborazione che poteva essere promossa solo da una grande personalità animatrice come è stata quella del fondatore Anton Dohrn, e sarebbe stata consolidata da Rinaldo Dohrn con quel suo raro talento organizzativo e diplomatico."

---

1 R. Koch (1843–1910) – batteriologo ed igienista tedesco – premio Nobel nel 1905 per fisiologia e medicina per le ricerche nel campo della tubercolosi.
E. Fischer (1852–1919) – chimico tedesco – premio Nobel nel 1902 per le ricerche sugli zuccheri e sulle purine.
P. Ehrlich (1854–1915) – patologo tedesco.
I.I. Metschnikoff (1845–1916) – biologo, batteriologo ed immunologo russo.
Entrambi premi Nobel nel 1903 per medicina per le ricerche nel campo della batteriologia.
O. Hertwig (1849–1922) – biologo tedesco.
T. Boveri (1862–1915) – biologo tedesco.
E.B. Wilson (1856–1939) – biologo statunitense.
T.H. Morgan (1866–1945) – biologo e genetista statunitense – premio Nobel nel 1933 per medicina e fisiologia per le ricerche sui cromosomi.
F. Nansen (1861–1930) – scienziato ed esploratore norvegese – premio Nobel nel 1922 per la pace.
J.D. Watson (1928–vivente) – biologo statunitense.
M.H.F. Wilkins (1916–vivente) – biofisico neozelandese.
Entrambi premi Nobel nel 1962 (con F.H. Crick) per medicina e fisiologia, determinarono la struttura a doppia elica della molecola degli acidi nucleici.

Bibliografia

Theodor Heuss – L' "Acquario" di Napoli e il suo fondatore Anton Dohrn. Ediz. Casini. Roma, 1959.

Heinz Götze – Dem Andenken an Reinhard Dohrn. Reden, Briefe und Nachrufe. (Herausgegeben von Heinz Götze). Springer-Verlag, Berlin, 1964.

K. Josef Partsch – Wissenschaft und Politik im Schicksal der Zoologischen Station in Neapel. Medizin-Historisches Journal *14* (1979), p. 100–113.

Articolo pubblicato nel Mensile di informazione culturale 'Controcampo', VII, settembre 1980, pp. 5–6

Beatrice Flad-Schnorrenberg

Eine Cella europäischer Kultur
Die Stazione Zoologica in Neapel

Wenn wir von Neapel träumten, galt unsere Sehnsucht nicht dem Vesuv, den Mandolinenklängen oder der Buntheit süditalienischen Lebens. Neapel, das war für uns junge Biologen vor 25 Jahren immer noch „die Station" – die Stazione Zoologica di Napoli. Zwar fuhren wir, weil es Geldbeutel und Zeit nicht anders zuließen, eher an die Küsten Jugoslawiens und Frankreichs, um meeresbiologische Studien zu betreiben, doch die Idee, nach der auch diese anderen Stationen entstanden waren, war hier geboren worden. Das Erlebnis des Meeres mit der Vielfalt seiner Formen, aber auch der tiefe Eindruck, den die Internationalität solcher Forschungsstätten bei uns hinterließ, verkörperte der Name Neapel stärker als alle anderen.

Die Station wurde im letzten Jahrhundert von dem deutschen Zoologen Anton Dohrn gegründet. Die Vorstellung Darwins von der stammesgeschichtlichen Verwandtschaft der Arten war eine Offenbarung für ihn gewesen, und er versuchte, sie durch das Studium der reichen Meeresfauna zu bestätigen. Angeregt durch die Erfahrungen mit eigenen Forschungen in Messina wollte er am Mittelmeer eine Stätte schaffen, an der Biologen aller Länder ständig einen Laboratoriumsplatz und die nötige Ausrüstung für ihre Forschungen finden sollten. Mit Beharrlichkeit und gegen zahlreiche Widerstände verwirklichte Anton Dohrn seinen Plan. 1873 kamen die ersten Wissenschaftler in das weiße Haus mit den großen Loggien, dessen Außenfront seine künstlerische Harmonie dem Freunde Dohrns, dem Bildhauer Adolf von Hildebrand, verdankt. Die Station lag damals noch unmittelbar am Meer in dem Park, der heutigen "Villa Comunale", der inzwischen durch eine belebte Straße vom Ufer des Golfes getrennt wird.

Hildebrand schuf auch die Büsten von Charles Darwin und Karl Ernst von Baer. Sie stehen heute noch in dem Raum, der lange Zeit die berühmte Bibliothek der Station beherbergte. Daß sie beide, die eher gegensätzliche Richtungen in der Biologie verkörperten, diesen Ehrenplatz fanden, war wie ein Programm: In der Station sollten nicht nur nationale Gegensätze, sondern auch unterschiedliche wissenschaftliche Ansichten überbrückt werden. Die Wände der ehemaligen Bibliothek schmücken heute noch die bekannten Fresken Hans von Marées. Auch er gehörte zu dem Kreis junger Freunde, der das Entstehen der Station und die damit verbundenen Schwierigkeiten miterlebte.

Im Jahre 1874 wurde die Zoologische Station offiziell eröffnet. Das Laboratorium war von Anfang an mit einem öffentlichen Aquarium verbunden, dessen Einnahmen einen Teil der Kosten der Forschungsstätte decken sollten. Das Entstehen dieser in Italien bis dahin unbekannten Einrichtung wurde von der Bevölkerung, aber auch von den Behörden zunächst mit Argwohn verfolgt; am harmlosesten war wohl noch die Vermutung, daß es sich um ein Spital für kranke Fische handele. Der Name "dottori dei pesci" blieb noch einige Zeit an den Wissenschaftlern der Station hängen.

Im Laufe der Jahrzehnte wurde "L'Acquario" jedoch zur berühmten Sehenswürdigkeit Neapels. Der Führer durch diese Sammlung von Meerestieren, den die Eltern von der Italienreise mitbrachten, vermittelte mit seinen zauberhaften Zeichnungen von gelben Schlangensternen, zartrosa Medusen und leuchtend rot gefleckten Fischen sicher vielen Kindern auf der ganzen Welt die ersten Einblicke in die Tierwelt des Mittelmeers.

Die andere Idee – die in Neapel zum ersten Mal verwirklicht, später jedoch auch von anderen Meereslaboratorien übernommen wurde – war das sogenannte „Tisch-System". Ausländische Regierungen oder wissenschaftliche Organisationen mieten rund um das Jahr eine bestimmte Anzahl von Arbeitsplätzen, die dann den Forschern ihres Landes oder der entsprechenden Organisation zur beliebigen Verfügung stehen. Dieses Tisch-System war es in erster Linie, das der Station ihren internationalen Charakter gab und sie zum „permanenten Gelehrtenkongreß" werden ließ. Als 1897 ihr fünfundzwanzigjähriges Jubiläum gefeiert wurde, meinte eine internationale Grußadresse, es sei überhaupt nicht vorzustellen, „welches der Stand der biologischen Wissenschaft zur Zeit sein würde, wenn der von der Zoologischen Station ausgehende Einfluß unterblieben wäre."

Als Anton Dohrn im Jahre 1909 starb, waren die Arbeitsplätze der Station bereits etwa zweitausendmal besetzt worden, und der Zoologe Theodor Boveri, der ein Jahr später auf dem internationalen Zoologenkongreß in Graz die Gedächtnisrede hielt, meinte, daß achtig Prozent der auf der ganzen Welt zu Lebzeiten Dohrns gemachten meeresbiologischen Entdeckungen im Zusammenhang mit Neapel gestanden hätten. Liest man in den Biographien der großen Zoologen jener Zeit, so erscheint Neapel fast überall wie ein Brennglas, in dem sich wie Strahlen die Einflüsse sammeln, denen die Wissenschaftler in ihrer Jugend ausgesetzt waren.

Das war das Erbe, das Reinhard Dohrn, der Sohn des Gründers, im Jahre 1908 mit der Leitung der Station übernahm. Er, der am 13. März vor hundert Jahren geboren wurde, war als Sohn eines deutschen Vaters und einer polnisch-russischen Mutter in Italien und Deutschland aufgewachsen, ein Europäer im besten Sinn des Wortes. Er hatte nicht die kämpferische Natur seines Vaters und war, obwohl selbst Zoologe, kein so engagierter Forscher wie dieser. Er muß jedoch geradezu begnadet im Umgang mit Menschen gewesen sein. Darin stimmen die Berichte seiner Freunde, aber auch die von Fernerstehenden überein. Noch 1967 – also fünf Jahre nach seinem Tod – schreibt ein junger Wissenschaftsjournalist in der amerikanischen Zeitschrift "Science" von den „ungewöhnlichen organisatorischen Talenten" Reinhard Dohrns.

Kultiviert, für alles Neue aufgeschlossen und doch behutsam und gelassen, war Reinhard Dohrn in dem Stadium, in dem er die gut funktionierende Station übernahm, wohl der ideale Leiter der außergewöhnlichen Forschungsstätte. Die Brennglas-Funktion der Stazione Zoologica, die in den Lebenserinnerungen der älteren Zoologen gewürdigt wurde, findet auch in denen der jüngeren

Generation Erwähnung. Karl von Frisch berichtet von ihr ebenso wie Julian Huxley, der Enkel T.H.H. Huxleys, der Mitstreiter Darwins, der schon Anton Dohrn bei der Gründung der Station unterstützt hatte. Julian Huxley beschreibt Reinhard Dohrn als „beglückende und wahrhaft internationale Persönlichkeit", die die meisten europäischen Sprachen beherrschte. „Wir wurden bald Freunde und unsere Freundschaft dauerte bis zu seinem Tode."

Diese Freundschaft bewährte sich nach dem Ersten Weltkrieg, als Julian Huxley sich den antideutschen Strömungen, die auch bei den Auseinandersetzungen um das Schicksal der Station eine Rolle spielten, widersetzte und noch einmal nach dem Zweiten Weltkrieg. Diesmal konnte Julian Huxley als erster Generaldirektor der UNESCO durchsetzen, daß diese Organisation der Vereinten Nationen auch die Station in Neapel unterstützte.

Verfolgt man das Wirken Reinhard Dohrns vor, zwischen und nach den beiden Weltkriegen, so scheint der Satz Jakob Burckhardts aus seinen weltgeschichtlichen Betrachtungen: „Zeit und Mensch treten in eine große, geheimnisvolle Verrechnung", selten ein so glückliches Beispiel gefunden zu haben, wie in der Verbindung des Menschen Reinhard Dohrn mit der großen Aufbruchszeit, die die Biologie in der ersten Hälfte unseres Jahrhunderts hatte.

Mit dem Beginn des zwanzigsten Jahrhunderts waren die weltanschaulichen Auseinandersetzungen in der Biologie weitgehend ausgestanden. Der Vitalismus, wie er etwa mit dem Namen von Hans Driesch verbunden wurde – Driesch hatte ebenfalls viel in Neapel gearbeitet – und der Mechanismus, dessen Konzeption weitgehend dem Darwinismus zugrunde liegt, hatten ihre starren Positionen aufgegeben. Eine ausgeglichenere Einstellung begünstigte jetzt die immer stärker in den Vordergrund tretende experimentelle Arbeit. Hatte Anton Dohrn die Station vor allem gegründet, um stammesgeschichtliche Forschungen an der Formenfülle im Golf von Neapel zu ermöglichen, so fand man jetzt, daß sich Meeresorganismen besonders gut für Untersuchungen auf den neu enstehenden Gebieten der Vererbungslehre, der Nervenbiologie, der Verhaltensbiologie oder der Biochemie eignen. Es waren keineswegs nur Zoologen, die sich jetzt in Neapel einfanden.

Die Liste der Forscher, die in den Jahren zwischen 1908 und 1960 in Neapel gearbeitet haben, liest sich wie das Namensverzeichnis eines wissenschaftshistorischen Werkes. Fast jeder, der in der Geschichte der Biologie und der ihr benachbarten Wissenschaften eine Rolle gespielt hat, war mindestens einmal Gast der Stazione Zoologica in Neapel. Reinhard Dohrn gelang es, dank seiner Weltläufigkeit und seines Geschicks, die Station von nationalen Kontroversen frei zu halten, zunächst als ihr Eigentümer, später – nachdem die Station 1922 in eine "Ente morale", also eine Körperschaft italienischen Rechts, umgewandelt worden war – als deren Leiter.

Es kamen nicht nur Biologen nach Neapel. „Das Spektrum war breit", erinnert sich der Gießener Zoologe, Professor Wulf Emmo Ankel, einer der bekanntesten Meeresforscher. „Wissenschaftler, Philosophen, Musiker, Maler, Schriftsteller, Schauspieler, Wirtschaftsführer, Politiker, Fürstlichkeiten. Das mußten keineswegs immer Prominente nach öffentlicher Meinung sein. Es gab nur einen Maßstab: keiner war, nach Geist und Gesinnung, minderen Ranges. Besucher im Direktorzimmer der Station konnte auch ein wissenschaftlicher Gast des Forschungsinstitutes sein. Er mochte zunächst Fragen haben, die das lebende Material betrafen oder die Ausrüstung seines Arbeitstisches mit Instrumenten. Doch es entschied sich dann rasch, ob es dabei bleiben würde, oder ob das Gespräch etwa mit der Empfehlung endete, den Briefwechsel zwischen Hugo von Hofmannsthal und C.J. Burckhardt, den müsse man lesen. Es lag nur am Gast, ob er nach ein paar Wochen im Prachtbau am Ufer des Golfes mit der kleinen Befriedigung abreiste, im Täglichen seiner Forschungsarbeit zum Erfolg gekommen zu sein, ober ob ihm die Tage in Neapel als Geschenk bleiben würden, als das helfende Geschenk der Erweiterung und Festigung seines Blickes auf das Übertägliche, auf das Bleibende im Wandel der Welt. Unter Reinhard Dohrns Leitung war die Stazione Zoologica zu einer Cella europäischer Kultur und europäischer Gesinnung geworden, anziehend und ausstrahlend zugleich."

Reinhard Dohrn ist 1962 gestorben. Schon 1954 war sein Sohn Peter Dohrn – auch er Zoologe – zum Direktor ernannt worden, während sein Vater als „Direktor ehrenhalber" sich vor allem weiter um die auswärtigen Angelegenheiten kümmerte. Daß die Station in den sechziger Jahren dann in Schwierigkeiten geriet – finanzieller und personeller Art –, an deren Auswirkungen sie noch heute leidet, hat Gründe, die in und außerhalb Neapels, aber auch in der allgemeinen forschungspolitischen Entwicklung der Zeit zu suchen sind.

Die Besorgnis um die Zukunft der Station war damals weltweit. Anfang der sechziger Jahre rief die "International Union of Biological Sciences (IUBS)" deshalb eine Konferenz nach Neapel. Die Schwierigkeiten sollten jedoch kein Grund dafür sein, daß andere Länder die jetzt italienisch geleitete Station nicht mehr unterstützen. Sie hat einen einzigartigen Fundus an wissenschaftlicher Tradition. Darin zeichnet sie sich vor fast allen Instituten der Welt – auch den großen amerikanischen – aus. Er muß mehr als bisher genutzt werden.

Als wir kürzlich vor dem vom neapolitanischen Sonntagsleben umbrandeten, seit den Zeiten Anton Dohrns längst mehrmals erweiterten Gebäude der Station standen, war das Aquarium wegen Renovierung geschlossen. Am Montag trafen wir jedoch wie eh und je die Wissenschaftler in ihren Laboratorien, sprachen wir beim Essen in der Mensa mit Gastforschern aus verschiedenen Ländern, ließen wir uns im Archiv von der Fülle der dort bewahrten Dokumente verzaubern. Die Stazione Zoologica wird in den nächsten Jahren zwar neue Wege der Arbeit und der Organisation finden müssen. Es sollte jedoch alles getan werden, daß die Tradition der Internationalität, die sie zu einem wichtigen Schauplatz der europäischen Wissenschafts- und Geistesgeschichte werden ließ, auch in Zukunft erhalten bleibt.

Mit freundlicher Genehmigung der Frankfurter Allgemeinen Zeitung. Samstag, 8.3.1980, Nr. 58

Bildanhang

Abb. 1. Stehend (von links): Reinhard, Boguslav, Wolfgang und Harald Dohrn, um 1905

Abb. 2. Tania Givago (1884–1952) um 1900

Abb. 3. Anton und Reinhard Dohrn. Bad Gastein 1906

Abb. 4. Reinhard Dohrn um 1915

Abb. 5. Peter, Reinhard, Antonietta, Tania, Amarillis Dohrn. Neapel, Corso Vitt. Emanuele, 23.1.1930

Abb. 6. Casa Dohrn, Interieur, um 1937

Abb. 7. Guiseppe Montalenti (geb. 1904)

Abb. 8. Benedetto Croce (1866–1952)

Abb. 9. Reinhard und Tania Dohrn, um 1940

Abb. 10. Zoologische Station Neapel um 1950

Abb. 11. Reinhard Dohrn, Antonietta Dohrn, Helena Hartmann, um 1955

Abb. 12. Reinhard Dohrn, Bonn 1955

Abb. 13. Max Hartmann und Reinhard Dohrn, Tübingen 1953

Abb. 14. Theodor Heuss, Luigi Califano, Reinhard Dohrn, Francesco Giordani, 1959

Abb. 15. Reinhard Dohrn und Dixi Ray, Monte Faito, 1960

Abb. 16. Reinhard Dohrn im Garten der Frankfurter Villa von Klaus Dohrn, um 1960

Abb. 17. Reinhard Dohrn, 1960 (Phot. Andrew Packard)

Adolf Busch.
Neapel 14.IV.1937

Rudolf Serkin.

Erinnerung an Ischia

Dies, alles gab in fröhlichem Verschwenden
der späte Herbst dem überraschten Gast:
des blauen Sonnenhimmels heitren Glast,
den Regensturm aus schwarzen Wolkenwänden,

läßt scheue Ahnung dem Geheimnis fahnden,
daß das Kastell bedrückt als düstre Last,
schreckt ein Idyll in lust'ger Küchenrast,
der sich die Pizza formt in kundigen Händen.

Die Carozzella trägt vergnügte Fracht,
die Reiterin läßt ihr Pferdlein mit sich sputen,
ein Morgenwind hat frisch sich aufgemacht

und lockt den Übermut zu kühlen Fluten
... das Abendfeuer, im Kamin entfacht,
verzehrt den heitern Traum in stillen Gluten.

November 1939

Theodor Heuss

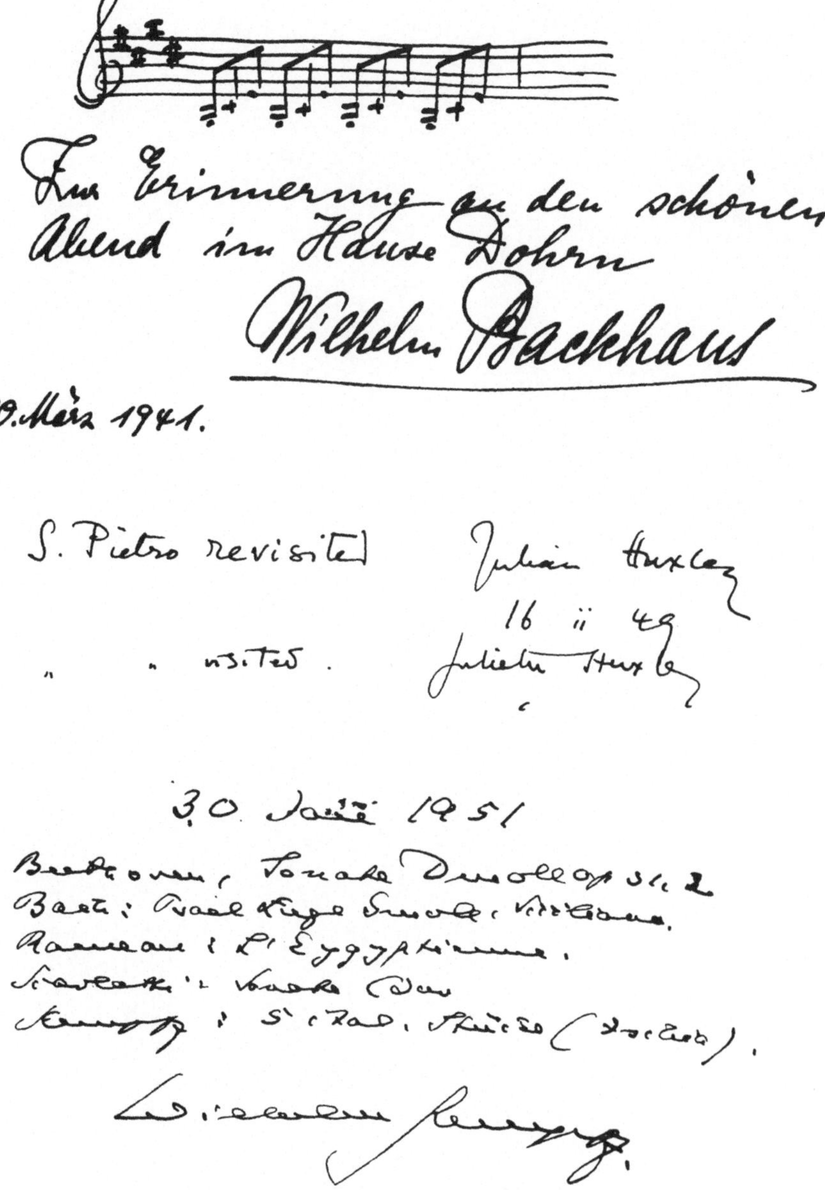

Zur Erinnerung an den schönen
Abend im Hause Dohrn
Wilhelm Backhaus
30. März 1941.

S. Pietro revisited Julian Huxley
16 ii 49
" " visited. Juliette Huxley

30. Juni 1951
Beethoven, Sonate D moll op 31, 2
Bach: [illegible]
Rameau: L'Egyptienne.
Scarlatti: Sonate C dur
Kempff: [illegible]
Wilhelm Kempff.

Aus dem Gästebuch der Familie Dohrn